W0253697

ALLE ZEIT WACH
1842

Gerhard Heinrich Ott (Hrsg.)

Menschenbild und Krankheitslehre

Mit 13 Abbildungen

Springer-Verlag Berlin Heidelberg New York
London Paris Tokyo

Professor Dr. Gerhard Heinrich Ott
Chefarzt der Chirurg. Abteilung
Evangelisches Krankenhaus Bad Godesberg e.V.
Waldstraße 73
5300 Bonn 2

ISBN-13: 978-3-540-17916-0 e-ISBN-13: 978-3-642-93362-2
DOI: 10.1007/978-3-642-93362-2

CIP-Kurztitelaufnahme der Deutschen Bibliothek.
Menschenbild und Krankheitslehre / Gerhard Heinrich Ott (Hrsg.). – Berlin ; Heidelberg ; New York ; London ; Paris ; Tokyo : Springer, 1987
ISBN-13: 978-3-540-17916-0

NE: Ott, Gerhard Heinrich [Hrsg.]

Satz,
2121/3145-543210

Grußwort

Den Veranstaltern und den Teilnehmern an der Gedächtnisveranstaltung für Herrn Prof. Dr. K. H. Bauer übersende ich meine herzlichen Grüße und guten Wünsche für den Ablauf des Symposiums.

Wir haben Herrn Prof. Bauer, einem der hervorragendsten Wissenschaftler und Ärzte unseres Landes, viel zu verdanken. Der Wissenschaftler hatte sich bereits 1927 mit der somatischen Mutationstheorie für die Entstehung des Krebses weltweit einen Namen gemacht. Seine Schule hat zahllosen Chirurgen des In- und Auslandes Medizin in bester Tradition vermittelt. Als 1. Rektor der Heidelberger Universität nach dem Krieg war er Wegbereiter einer neuen Hochschulpolitik und stellte neben seinen überragenden wissenschaftlichen Qualifikationen auch sein gutes Gespür und sein Verständnis für die Belange einer Verwaltung unter Beweis. Die Krönung seines beruflichen Weges war jedoch die Gründung des Deutschen Krebsforschungszentrums, die er in engem Kontakt mit der Bundesregierung möglich machte.

Das Gedächtnis des Wissenschaftlers und Arztes K. H. Bauer weist uns auch Wege in die Zukunft. Seine von tiefer Menschlichkeit durchdrungene Persönlichkeit verwies auf die seelisch-geistige Komponente der Medizin, ohne die eine Heilung der Gesamtpersönlichkeit nicht möglich ist. Auch unsere Zeit verlangt eine Neuorientierung durch Besinnung auf das Wissen früherer Generationen – von der Medizin als Hinwendung des Menschen an den Kranken unter Einbeziehung der psychischen, physischen und technologischen Gegebenheiten.

Ich hoffe und wünsche, daß Ihre Erörterungen nicht nur der medizinischen Fachwelt neue Anstöße vermitteln, sondern auch allen unseren hilfsbedürftigen Mitbürgern zugute kommen.

Rita Süßmuth

Prof. Dr. Rita Süßmuth

Vorwort *

Der „Mensch nach Maß" ist in Sichtweite, seit Gentechnologien neben die Organtransplantationen getreten sind. – Die parasitäre Transplantation des Kopfes eines Menschen ist geplant.
Rechtsschutzfragen für tiefgefrorene Embryos sind strittig. Ärzte als Erfüllungsgehilfen bei Schwangerschaftsunterbrechungen und als Scharfrichter mit Todesspritzen bei Hinrichtungen sind legal.
Würde oder Lebenserhalt in Grenzsituationen ist beispielhaft für die Probleme der Rangigkeit moralischer Normen in unserer auf Vertragsvereinbarungen sich stützenden Ethik.
Die Unterdrückung des individuellen Gewissens mit Einschränkungen von Eros und Humanität als Folge der Entpersonifizierung ist zu nennen, nachdem die Entscheidungskompetenzen mehr und mehr in die Hände anonymer Verwaltungen, Kommissionen und Gesellschaftsinstanzen übergehen.

Dieses und vieles andere verwischen das herkömmliche Verständnis und Bild des Arztes sowie seines Auftrags. Der Mensch selbst ist in Frage gestellt. Derart manipulierbar und konstruierbar verliert er die Voraussetzungen für Würde, Humanität, Freiheit und Verantwortung des einzelnen. Das Menschenbild, heute gesehen als Endprodukt einer sich selbst durch Zufall und Selektion entwickelnden Materie – und morgen schon als kibernetischer Regelmechanismus, programmiert von genetischen Schriftsätzen, in der Sehensweise von Informatik und Kommunikationslehre, ist und bleibt Materialismus. Wenn es uns nicht gelingt, den befreienden Ausbruch glaubhaft aus diesem perfekten Welt- und Menschenbild mit seiner daraus konsequent sich ableitenden Krankheitslehre zu bewerkstelligen, dann bleibt die Kälte des Denkens, die Nüchternheit des Geistes mit ihrer Begriffsschärfe allein. Dann bleibt der Stolz auf unsere naturwis-

---

* Symposium am 8. März 1986 im Wissenschaftszentrum Bonn-Bad Godesberg. – Mit Unterstützung der Firmen: Byk Gulden, Fresenius AG, Holphar und ICI-Pharma.

senschaftliche Medizin alleingelassen ohne die steuernden und vernachlässigten Kräfte der Seele. Nicht mehr und nicht weniger ist gefragt: dürfen wir uns heute noch zur Seele bekennen, zu einem der Materie allein nicht zuordenbaren Phänomen? Wenn ja, dann liegt hierin diese Befreiung, dann haben wir Menschenbild und Krankheitslehre neu zu überdenken unter Einbeziehung der allenthalben schamhaft versteckten Seele. Heute bekennen und analysieren uns Menschen, die wir und ich besonders achten, vor allem dieses Problem: lassen Philosophie heute, Religion, Wissenschaft, Selbsterfahrung, Geschichte, Kunsterlebnis und Medizin das Bekenntnis zur Seele zu? Angst beschleicht uns beim Betrachten des „Schmerzensraum" von Joseph Beuys im Zentrum der dieses Treffen ergänzenden Kunstausstellung[1]. Hoffnung und Barmherzigkeit weisen uns die Künstler Buthe und Uecker als Gegenpol, zugleich als Urkräfte der Seele zum ärztlichen Handeln.

Einen unserer Großen gilt es zu ehren, der als Arzt und wegweisender Hochschullehrer uns mahnend Wege wies: K.H. Bauer

Bonn-Bad Godesberg, den 8. 3. 1986 Gerhard Heinrich Ott

---

[1] Der andere Blick. Heilungswirkung der Kunst heute. DuMont Köln (1986).

Inhaltsverzeichnis

Karl-Heinrich Bauer zum Gedächtnis – 8. 4. 1986
H. J. Streicher 1

Der Mensch Ijob redet mit Gott
F. Böckle 5

Krankheiten und Kranke
R. Gross 15

Kunst – Heilmittel der Medizin
G. H. Ott 23

Forschen und Helfen als Normenkonflikt in der Medizin – Möglichkeiten und Grenzen einer ethischen Lösung
E. Ströker 31

Der Elementargedanke in der Medizin
H. Schadewaldt 43

Heilungswirkung der Kunst – Zwischen Tradition und Fortschritt
E. Weiss 55

Autorenverzeichnis

Böckle, F., Prof. Dr.
Prorektor der Universität Bonn, Moraltheologisches Seminar, Regina-Pacis-Weg 1 a, 5300 Bonn 1

Gross, R., Prof. Dr.
Medizinische Universitätsklinik, Joseph- Stelzmann-Straße 9, 5000 Köln 41

Ott, G. H., Prof. Dr.
Chefarzt der Chirurg. Abteilung, Evangelisches Krankenhaus Bad Godesberg e.V., Waldstraße 73, 5300 Bonn 2

Schadewaldt, H., Prof. Dr.
Direktor des Instituts für Geschichte der Medizin der Universität Düsseldorf, Präsident d. Intern. Gesellschaft für Geschichte der Medizin, Moorenstraße 5, 4000 Düsseldorf

Streicher, H. J., Prof. Dr.
Präsident der Deutschen Gesellschaft für Chirurgie, Ferdinand-Sauerbruch-Klinikum, Arrenberger Straße 20–56, 5600 Wuppertal

Ströker, E., Prof. Dr.
Universität Köln, Philosophisches Seminar, Albertus-Magnus-Platz, 5000 Köln 41

Weiss, E. Dr.
Stellv. Dir. des Museum Ludwig, Köln, 5000 Köln

Karl-Heinrich Bauer zum Gedächtnis – 8. 4. 1986

H. J. Streicher

Unstet flattert das Herz den Jünglingen
doch wo ein Alter dazwischentritt, der zugleich vorwärts und rückwärts schauet,
ein solcher erwägt, wie am besten das Wohl aller gedeihe (Homer)

Viele, die vor mir gesprochen haben, priesen – jeder auf seine Art, jeder nach seinem Vermögen denjenigen, den es zu ehren gilt. Mir erscheint es ehrenvoll, wenn ein Mann, der sich durch die Tat bewährt hat, auch durch die Tat geehrt werde, wie wir dies täglich durch unsere Arbeit tun. Dennoch, K.-H. Bauer war nicht nur ein Chirurg, sondern Wissenschaftler und Lehrer, der über das Wort gebot wie selten einer von uns, so daß ich es für richtig halte, ihn durch das Wort zu ehren.

Nur zögernd habe ich die Aufgabe übernommen, des Meisters zu gedenken, da Worte oft nur ein unzureichendes Transportmittel für Sinngehalte sind. Derjenige, dem das Wort anvertraut ist, ist sich dessen bewußt, daß er dieses nur subjektiv zur Vermittlung von Fakten und Gedanken zu gebrauchen vermag. Dem Schüler mag es hierbei gestattet sein, Worte des Meisters einfließen zu lassen.

Karl-Heinrich Bauer wurde am 28. September 1890 in Schwärzdorf in Franken geboren und starb am 7. Juli 1978 in Heidelberg. Er war, wie wir alle, ein Mensch seiner Zeit. Raum und Zeit in der er lebte und wirkte, haben ihn geprägt und er hat sie mitgeprägt.

Studium in Erlangen, Heidelberg, München und Würzburg, 4 Jahre Truppenarzt an der Front im 1. Weltkrieg. Eine kurze intensive Ausbildung in pathologischer Anatomie bei Aschoff in Freiburg erschlossen ihm die Grundlage wissenschaftlicher Arbeiten über Erbbiologie, Konstitutionspathologie und Zytologie. Dieser Dreiklang der Themen wurde auf zahlreiche Probleme der Chirurgie in wissenschaftlichen Arbeiten variiert. Stichwortartig seien Hämophilie, Systemerkrankungen des Mesenchyms, Transplantation bei eineiigen Zwillingen, Mutationstheorie der Geschwulstentstehung genannt.

Bei seinem chirurgischen Lehrer Rudolf Stich in Göttingen erlernte er das Handwerk praktischer Chirurgie. Solides, schonliches Operieren, klare Indikationsstellung und rastlose Tätigkeit für den kranken Menschen. Er habilitierte sich 1923 und wurde 10 Jahre später auf den chirurgischen Lehrstuhl in Breslau als Nachfolger von Küttner berufen. 1943 folgte er dem Ruf nach Heidelberg als Nachfolger von Kirschner.

Fast 300 Arbeiten aus allen Gebieten der klinischen Chirurgie umfaßt sein wissenschaftliches Werk. Es ist eine Folge klar erkannter Probleme, gedankenscharfer Fragestellung mit dem Bemühen, methodisch das Problem zu lösen und die Ergebnisse kritisch für die praktische Chirurgie zu interpretieren.

Bauer war nicht nur ein glänzender Operateur, sondern er versuchte mit dem kleinsten Eingriff den größtmöglichen Erfolg zu erzielen. Nicht die ausgedehnte spektakuläre größtmögliche Operation fand seinen Beifall. So hat er zahlreiche Operationsmethoden erdacht oder variiert und sie erprobt.

Nach dem Kriege war er der erste frei gewählte Rektor der Heidelberger Universität. Er war Dekan der Medizinischen Fakultät und wirkte über sein Fach „Chirurgie" hinaus als akademischer Bürger.

In dieser Eigenschaft und für die Öffentlichkeit gab er Empfehlungen zur Vermeidung von Straßenverkehrsopfern durch organisatorische Maßnahmen und zur Krebsverhütung durch Vermeidung chemischer und physikalischer Noxen.

Nach seiner Emeritierung widmete Bauer sich mit der ganzen Kraft seiner Persönlichkeit der Errichtung des Deutschen Krebsforschungszentrums in Heidelberg. Hindernisse waren für ihn da, überwunden zu werden.

Bei soviel Verdiensten und Leistungen konnten die Ehren nicht ausbleiben: Ehrensenator der Universität Heidelberg, 2mal Präsident der Deutschen Gesellschaft für Chirurgie und ihr Ehrenmitglied; 1954 Präsident der 100. Jubiläumstagung der Deutschen Gesellschaft der Naturforscher und Ärzte, medizinischer und juristischer Ehrendoktor, Mitglied der Leopoldina in Halle und der Heidelberger Akademie der Wissenschaften, Träger des großen Verdienstkreuzes der Bundesrepublik Deutschland mit Stern und Schulterband, Ehrenmitglied und korrespondierendes Mitglied zahlreicher deutscher und ausländischer Gesellschaften.

Nach dieser skizzenhaften Darstellung des Lebensweges – der Würdigung von Wirken und Wirkung Karl-Heinrich Bauers ist noch etwas über sein Wesen zu sagen.

Er selbst formulierte einmal, daß Wissen die Kräfte des Verstandes, Wirken Entschlußkraft und Aktivität erforderten. Sein Wesen gestattete es ihm, die Dinge nach logischen Zusammenhängen zu ordnen im Sinne praktischer Vernunft, ausgerichtet auf das Ziel, durch Tätigsein den Menschen zu dienen. Eine zweite Seite war geprägt vom Bewußtsein der Verantwortung. Verantwortung für den Patienten – klare Indikationsstellung – nur was nötig ist, operieren, nicht aber alles was man operieren kann. Den kleinsten Eingriff, der zum Erfolg führt mit sauberer Technik durchführen. Verantwortung für die Wissenschaft. Fragen sollten methodisch bearbeitet werden. Wahrheit und Wahrhaftigkeit stand hier an erster Stelle, sowie Verantwortung durch Wort und Schrift sein Wissen weiterzugeben. Was er für richtig hielt, dafür trat er auch ein.

Es konnte nicht meine Aufgabe sein, Leistung und Werk erschöpfend darzustellen. Würdigere haben dies ausführlich vor mir getan. Entscheidend ist, daß wir den begeisterten und begeisternden akademischen Lehrer, Wissenschaftler

Abb. 1. Karl-Heinrich Bauer

und Chirurgen durch das Wort ehren. Da Wissen – wie Popper sagt – stets der Falsibilität, der Irrtumsmöglichkeit unterworfen ist, begrüße ich es, daß hier nicht über neueste Ergebnisse, sondern über tiefere Erkenntnisse gesprochen werden soll.

Ich habe versucht vor Ihnen Zeugnis darüber abzulegen, was Karl-Heinrich Bauer für uns als Arzt, Wissenschaftler und Lehrer bedeutet.

Zum Schluß ein Zitat des Biologen von Behr, dem Entdecker des Säugetiereies, das er vor mehr als 100 Jahren – heute noch gültig – sagte:

„Die Wissenschaft ist ewig in ihren Quellen,
unermeßlich in ihrem Umfang,
endlos in ihrer Aufgabe
unerreichbar in ihrem Ziel“

Der Mensch Ijob redet mit Gott

F. Böckle

Der Mensch Ijob, der mit Gott redet, ist der geschundene und leidende Mensch aller Zeiten. Und was er mit Gott auszumachen hat, sind gar nicht so sehr die Schicksalsschläge, die ihn persönlich treffen; was ihn quält, ist die Frage nach dem Warum? Hier stößt sein Verstehen an Grenzen. Hier schlägt sein Fragen in die bittere Anklage um.

„Herr, Du kannst nicht lachen über uns: Du bist zu groß dazu. Aber weinen solltest Du doch können, weinen über unser Leid. Dazu bist Du ja gütig und erbarmend genug, um mit uns weinen zu können. – Aber Herr, Du hast ja selbst den Schmerz und das Leid erschaffen. Wie solltest Du also darüber weinen können? Über Deiner Welt steht der Schmerz wie eine dunkle Wolke, die sich niemals verzieht. Wie ein schwarzes Tuch hüllt der Schmerz all Deine Geschöpfe ein. Schmerz bis zur äußersten Möglichkeit gesteigert: Qual, Angst, Entsetzen, Grauen. Und das alles geht von Dir aus. Deine Naturgesetze sind auf den Schmerz gegründet. Mußte das sein? – Wenn schon die Lebewesen einander aufzehren, voneinander leben müssen, warum mußte das mit so viel Grausamkeit geschehen? All die Todesschreie, all die Sterbensängste, all der Leidenswahnsinn, der durch Deine Nächte schleicht! Und je höher Deine lebendigen Geschöpfe steigen auf der Leiter ihres Daseins, um so mehr steigert sich auch ihre Lebensqual. Sie bereiten einander um so mehr Schmerzen, je höher sie sich der Höhe des Geistes, Deines Geistes nähern. Nicht nur, weil sie auf dieser Höhe gescheit genug werden, um ihres Kampfes Weisen und ihre Waffen zu schärfen, sondern weil sie auch böse werden. Auf dem Gipfel Deiner Welt erscheint der Mensch. Und in seiner Bosheit erfindet er eine neue Welt von Qual, schafft eine eigene Hölle der Vernichtung! Herr, was ist aus Deiner Welt geworden?" (Peter Lippert).

So konkret, so voller Zweifel redet der Ijob unserer Tage mit seinem Gott. Das biblische Buch Ijob, immer noch eines der genialsten Zeugnisse der Literatur zum Thema Leiden, ist ihm dabei Vorbild; es warnt ihn aber zugleich, das Leiden zu theoretisieren. Das Ijob-Buch selbst erhebt Protest „gegen die verständlichen, aber vorschnellen Pauschalthesen, wie sie vom revoltierenden Ijob formuliert werden, der aus seinem Leiden auf einen Gott schließt, der eine böse Welt geschaffen und der sich um seine Welt nicht kümmert" (Zenger 1981). Das Buch ist ein Protest gegen jeden Versuch, Leiden theoretisch aufzulösen. Für den Dichter des Ijob-Buches ist nur erlittenes Leid wirkliches Leid. Diese Wirklichkeit lebt nicht in abstrakten Reflexionen, sondern nur in der Reaktion des leidenden Menschen selbst. „Gedanken über das Leiden entstehen – sieht man genau zu – auch meist nicht in der Arena des Leidens, sondern auf den Tribünen. In der Arena wird gelitten, wird vielleicht geklagt und geschrien; es wird vielleicht dennoch Gott gelobt, aber es wird nicht über das Leid reflektiert" (Zenger 1981). Der Ort des leidenden Menschen ist nicht die Tribüne, sondern die Arena. Unser Ort dagegen hier ist Tribüne. Das sollten wir allesamt nicht vergessen, wenn wir über die anthropologische Bedeutung von Krankheit und Leiden aus verschiedenen Perspektiven nachsinnen. Schmerz und Leiden gehören zusammen mit Krankheit und Tod zu den geheimnisvollsten Phänomenen des menschlichen Lebens. Sie haben daher in der Geschichte der Kulturen und Religionen seit eh und je nach einer Interpretation gerufen. Sie sind eine medizinische wie anthropologische Herausforderung. Lassen sie mich zu dieser Herausforderung ein paar Hinweise geben.

1. Ein erster und unmittelbarer Zugang zu den Phänomenen von Schmerz und Leiden vermittelt uns die Sprache. Beim ersten Symposium der Academia Eurasiana Neurochirurgica im September letzten Jahres hielt der indische Neurochirurge Asoke K. Bagchi (Calcutta) einen Vortrag zum Thema „Pain and Language". Anhand von Begriffsanalysen vermochte er zu zeigen, wie differenziert gerade im asiatisch-indischen Raum das psychosomatische Phänomen des Schmerzes verstanden wird. Auch wir unterscheiden in unseren Sprachen deutlich zwischen Schmerz und Leiden, zwischen pain und suffering, zwischen douleur und souffrance. Die Zuordnung und gleichzeitige Unterscheidung dieser Begriffe scheint zum Verständnis der anthropologischen Bedeutung des Phänomens Schmerz unerläßlich. Allgemein ordnet man den Schmerz dem somatischen Bereich zu, Leiden dagegen läßt man im Geistigen verwurzelt sein. Diese Unterscheidung verlangt jedoch eine entschiedene Korrektur. Sie darf nicht als Trennung von Leib und Geist verstanden werden. Es ist immer der eine und ganze Mensch, der Schmerz empfindet, und ebenso ist es der ganze und eine Mensch, der leidet. Jeder physisch verursachte Schmerz wird menschlich empfunden, und tief im Seelischen verankertes Leid bringt die leiblichen Kräfte in Mitleidenschaft. Es gibt keine glatte Trennung von Leib und Seele. Der Mensch ist bis in seine sublimsten Gedanken hinein an ein funktionierendes Gehirn gebunden und auch die sinnlichsten Empfindungen haben eine geistige Komponente. Schmerz und Leiden sind demnach eng miteinander verbunden und doch müssen sie aufgrund der ganzmenschlichen Bedeutung unterschieden werden. Die Bekämpfung und Eliminierung von körperlichen Schmerzempfindungen ist heute weitgehend möglich. Die Entwicklung der Anästhesie gehört zu den großen Errungenschaften der modernen Medizin. Sie ist nicht nur unabdingbare Voraussetzung für Chirurgie und Intensivmedizin, sie ist auch eine wichtige Bedingung für das menschliche Ertragen von Krankheit d.h. für die Leidensbewältigung.

Dies erscheint uns heute beinahe selbstverständlich. Trotzdem – oder gerade darum – müssen wir uns fragen, ob wir über den Dualismus von Seele und Körper, der zu einem guten Teil das naturwissenschaftlich-technische Zeitalter eingeleitet hat, wirklich hinausgewachsen sind. Wir verstehen den

Körper als informations- und systemtheoretischen Regelkreis, in den wir auch psychogene Faktoren einbeziehen. Ist aber damit die fundamentale Isolierung des Körpers von jenem Lebenszentrum, das man Seele oder Ich oder auch Ich-Bewußtsein nennt, wirklich überwunden? Die Isolierung des kranken Menschen von seiner Umwelt und die Isolierung des Körpers vom gelebten Leben sowie die Isolierung der Krankheiten vom offenen System des Körpers sind im Gegenteil eher noch vertieft worden. Ein verkürzter Krankheitsbegriff, der sich auf die gestörte Körperfunktion und deren klinischen Befund, etwas was wir Nosos nennen, beschränkt, verkürzt zwangsläufig die zwischenmenschlichen Beziehungen. Das subjektive Krankheitsgefühl, die Aegritudo, die Erfahrung des Krankseins mit allen Auswirkungen der Erkrankung auf Beruf, Familie und Mitmenschen, die Möglichkeit der existentiellen Verunsicherung, das Erlebnis einer religiösen Krise, die Erfahrung von Lebensangst in einer Grenzsituation, dies alles bleibt unberücksichtigt. Und doch geht es gerade unter diesem Aspekt der Aegritudo um den kranken Menschen als erlebendes Wesen, welches der Führung und Begleitung in mitmenschlicher Güte bedarf – ganz im Gegensatz zu Pathos und Nosos, die zunächst einmal nach medizinischer Versorgung oder sachbezogener Intervention verlangen.

Nur so kann eine Leidensbewältigung gelingen. Das führt uns zu einem zweiten Hinweis.

2. *Krankheit und Leiden werden nie endgültig zu überwinden sein.* „Der Zustand völligen körperlichen, geistigen und sozialen Wohlbefindens und nicht nur das Freisein von Krankheit und Gebrechen" (Definition der WHO) wird nie für alle Menschen erreichbar sein. Diese Erkenntnis darf uns nicht davon abhalten, alles einzusetzen, möglichst viele diesem Zustand so nahe wie möglich zu bringen.

   Planung und Einsatz für eine bessere Verwirklichung des von der WHO geforderten Gesundheitszustandes der Menschheit ist eines der humansten Ziele. Es bleibt aber nur so lange human, als es in den dem Menschen immanent gesetzten Grenzen bleibt. Die Entdeckung der Grundstruktur aller Lebewesen im genetischen Code der DNS offenbart uns eine eigenartige Ambivalenz. Einerseits eröffnet die Kenntnis des genetischen Informationsmusters den Spekulationen über eine Beeinflussung der Entwicklung des Menschen ein breites Tor. Andererseits verweist aber die mit der gleichen Erkenntnis verbundene Einsicht in die Möglichkeit unvorhersehbarer Mutationen eine totale Gesundheitsplanung in den Bereich der Utopie. Unter der Voraussetzung, daß bei fast allen Krankheiten genetische Faktoren mit im Spiel sein können, ergibt sich vom humangenetischen Standpunkt aus die Erkenntnis, daß Krankheiten in einer letztlich unaufhebbaren Weise zur konkreten Existenz des geschichtlichen Menschen gehören.

   Zur gleichen Erfahrung führt auch der Fortschritt der biomedizinischen Forschung. So schützen beispielsweise Antidiabetika die Fertilität und lassen junge Menschen in das zeugungsfähige Alter hineinwachsen. Die Folgen im genetischen Gesamtpool der Bevölkerung sind noch nicht abzusehen. Ähnliche Erscheinungen sind mit dem immer ausgedehnteren Einsatz der Psychopharmaka im Bereich der echten Psychosen verbunden. Viele Patienten lassen sich damit vor einer längeren Behandlung in einer geschlossenen Anstalt bewahren, sie ermöglichen aber damit die Reproduktionschance möglicher Erbträger. Kardiovaskuläre Therapien, Hygiene und Ernährung sowie die Ausschaltung einer Eingrenzung vieler tödlicher Krankheiten haben die durchschnittliche Lebenserwartung auf allen Altersstufen wesentlich erhöht, nicht ohne die Konsequenz, daß das Altwerden ohne Gebrechen, die Senectus immer mehr zu einem Senium, zum Alter mit Gebrechen wird. Der Mensch wird an seinem Ende immer mehr seinem Leib als Organismus ausgeliefert, ohne noch souverän über ihn verfügen zu können.

In der Bundesrepublik waren 1982 etwa 10000 Menschen querschnittgelähmt, fast 50000 blind, 35000 taub. Insgesamt waren 1 Mill. Menschen mit 100%iger Minderung der Erwerbsfähigkeit behindert, darunter 230000 mit hirnorganischen und geistig-seelischen Störungen. Die meisten Behinderungen sind altersbedingt. Fast ¾ (750000) fallen in die Altersgruppe ab 60 Jahre. Etwa 10% (ca. 100000) aller Behinderungen gelten als angeboren, wobei die polygenetisch bedingten Störungen mitgezählt sind. Die Größenordnung der möglicherweise zu erzielenden Prävention bewegt sich bei etwa 5% der Zahl der Behinderten mit 100%ig geminderter Erwerbsfähigkeit. Dies läßt den möglichen Beitrag genetischer Prävention zur Lösung des sog. Behindertenproblems in der richtigen Proportion erscheinen. Es ist sicher bereits ein hohes gesundheitspolitisches Ziel, die Zahl der schwerstbehinderten Menschen in der Bundesrepublik durch genetische Prävention um 5% (50000) zu reduzieren. Es bleiben aber 95% Behinderte, die wir in unser öffentliches Leben zu integrieren haben. Die Notwendigkeit, Behinderungen vorzubeugen, ist unbestreitbar. „Aber letztlich liegt die Lösung des Behindertenproblems nicht darin, daß es der Gesellschaft gelingt, behinderte Menschen wie Infektionskrankheiten zu vermeiden, sondern daß es ihr gelingt, besser mit ihnen zu leben. Etwas anderes zu suggerieren, ist eine Verdrängung des Problems" (van den Daele 1985).

Für diese Verdrängung des Leidensproblems gibt es in unserer fortschrittlichen Gesellschaft Anzeichen genug. Die immer neue Diskussion über Sterbehilfe ist ein deutliches Indiz dafür. Um so dringlicher ist eine vertiefte Auseinandersetzung über den Sinn des Leidens. Dem soll der dritte Hinweis dienen.

3. Nahezu alle Kulturen halten Deutungen bereit, um die unvermeidbaren Wechselfälle des Lebens in einem größeren Zusammenhang verständlich und erträglich zu machen. Meist geht es darum, das was den einzelnen als Leid und Enttäuschung trifft, im Rahmen eines größeren Zusammenhangs als sinnvoll erscheinen zu lassen. In der Mythologie der *Naturreligionen* er-

scheint das Leid als Teil eines kosmischen Dramas. Die Erinnerung an ein ursprünglich heiles Dasein weckt Hoffnung auf siegreiche Überwindung der Finsternis durch das Licht. Die *griechische Philosophie* zeigt Wege, das Leiden in Freiheit zynisch, stoisch oder epikureisch anzunehmen und zu tragen. Die *römische Lebensgestaltung* verweist auf höhere Werte, um derentwillen Leiden notwendig sein können und von daher auch sinnvoll zu bewältigen sind. Nach *östlichen Religionen* gehört Leiden zum Lebensprozeß. Der Mensch kann durch Weisheit, ethisches Verhalten und geistige Disziplin in diesem Prozeß den Sieg gewinnen.

Die *Selbstverständlichkeit bestimmter Sinnvorhaben* ist bei vielen unserer Zeitgenossen *nicht mehr vorhanden.* Die Frage nach dem Sinn ist damit zu einer existentiellen Frage geworden. Und dies in einer Kultur, deren umfangreicher Wissensbestand in der Geschichte der Menschheit einmalig dasteht. Noch nie gab es eine Gesellschaft, die auch nur über annähernd so große Möglichkeiten verfügte, die Wechselfälle des Lebens zu kontrollieren und ihre Folgen für den einzelnen zu mindern. *Sicherheit* ist zu einem der höchsten Werte dieser Gesellschaft geworden. Doch die Schutzsysteme kollektiven Muts drohen sich aufzulösen: Das Schutzsystem der Technik, das gerade in seinen höchstentwickelten Errungenschaften Angst verbreitet; aber auch das Schutzsystem einer arbeitsteiligen, wachstumsorientierten Weltwirtschaft, die von der Erschöpfung wichtiger Ressourcen bedroht wird und für die sich eine Globalsteuerung als immer schwieriger erweist. Das gilt nicht minder für das Schutzsystem des Friedens in Gerechtigkeit und Freiheit, dessen Sicherung einen materiellen und psychischen Preis fordert, der eine zunehmende Zahl von Menschen erschreckt und die Frage stellen läßt, wie weit man diesen Weg gehen kann. Schließlich ist das Schutzsystem der sozialen Sicherheit gefährdet, von dem viele fürchten, das teure Netz könnte auf lange Sicht die Last der Arbeitslosigkeit nicht mehr tragen. So entpuppt sich hinter dem Sicherheitsstreben eine *tiefe Unsicherheitserfahrung,* die sich bei näherem Zusehen *als Existenzangst,* d. h. als die Angst, daß die gesamte Existenz sinnlos sein könnte, herausstellt.

Die *Reaktion auf solch erfahrene Sinnbedrohung* ist unterschiedlich. Sie reicht von der Verdrängung der Sinnfrage bis zum heroischen Akzeptieren der Absurdität unserer Existenz: „Es ist sinnlos, daß wir geboren werden, es ist sinnlos, daß wir sterben", erklärt J. P. Sartre. Andere machen sich auf den Weg, um auf neue Weise Sinn zu finden. Wilhelm Kamlah orientiert sich in seiner bei Klett erschienenen „Meditatio mortis" bei der Antike, bei Epikur (Kamlah 1976). Für ihn sind Tod und Sterben nicht dasselbe, sie verlangen eine unterschiedliche Haltung. Den Tod als Verfall, den Tod als Untergang kann man nicht eigentlich verstehen. Verstehen können wir nur etwas, das Sinn hat. *Der Tod aber hat seiner Überzeugung nach keinen Sinn.* Wenn der Tote nicht mehr ist, wenn er nicht mehr lebt, wenn er sich nicht mehr verhalten kann, so erübrigt es sich, nach dem Sinn dieses Nicht-mehr-seins zu fragen.

Anders verhält es sich nach Kamlah mit dem Sterben. Das Sterben als ein Stück Leben hat durchaus einen Sinn. Und es lohnt sich, darüber nachzudenken, damit wir dem Tod entgegengehen ohne zu verzweifeln. Diese letzte Phase des Lebens gewinnt auf dem Hintergrund der Unentrinnbarkeit des Todes zunächst zwar den Charakter von einem „puren Widerfahrnis". Solche Widerfahrnisse überschreiten zu einem gewissen Grad auch unser Verstehen. Man kann sie nur annehmen und hinnehmen. Eine Auflehnung dagegen müßte zur Verzweiflung führen. „Die Hinnahme hingegen kann schwer zu erringen, im Gelingen aber befreiend sein". Die Kunst zu leben, die ars vitae, besteht ja „zuallererst nicht im Handeln-können, sondern im Loslassenkönnen. Die Einübung in die Hinnahme unabänderlicher Verluste durchzieht dann wiederum unser ganzes Leben und findet in der einwilligenden Hinnahme des eigenen Todes nur ihre Vollendung" (Kamlah 1976).

Diesen letzten Worten Kamlahs kann man nur zustimmen. Tatsächlich bietet die Konfrontation mit dem Prozeß des Sterbens für viele erst die Gelegenheit, einen entscheidenden Aspekt unseres Lebens zu entdecken. In einer Zeit, in der immer neue Handlungstheorien entwickelt werden, muß ein jeder von uns irgendwann selbst erfahren, daß wir nicht nur existieren, indem wir von früh bis spät handeln. Leben ist keine endlose Leistung, sondern eine beschränkte Aufgabe, die es in dieser Beschränkung zu erfüllen gilt. Zum Sterben ja sagen heißt, zum Leben in seiner Begrenzung ja sagen. Kamlah leitet daraus die Berechtigung ab zum Freitod, „d. h. die moralische Erlaubnis, sich aufgrund ruhiger und reiflicher Erwägung von einem überschwer gewordenen, nicht mehr erfüllten und nicht mehr wiederherstellbaren Leben zu befreien, sofern diesen Rechten nicht Forderungen, die gleichfalls aus der moralischen Grundnorm hervorgehen, in zumutbarer Weise entgegenstehen".

Die Bewertung eines solch frei gewählten Weges in den Tod hat zu allen Zeiten die Geister geschieden. Die klassische Antike zeigt eine zwiespältige Haltung, gegensätzlich ist auch die Beurteilung im Aufbruch der Neuzeit (man denke an Hume oder Kant). Die Auseinandersetzung ist bis heute nicht abgeschlossen. Die Antwort wird stets abhängig sein vom Sinn, den man dem Leben im Blick auf das unausweichliche Todesschicksal zuzugestehen bereit ist. Für Kamlah ist es die „Befreiung von einem überschwer gewordenen Leben. Wer sich so befreit, tritt damit der Blindheit einer Natur entgegen, die sich nicht darum kümmert ... ob ein Mensch noch ein lebenswertes Leben führt". Für Albert Camus offenbart der Tod das ganze Leben als absurd. Da man sich aber – nun einmal zum Sisyphus verdammt – nur in diesem Leben mit dem Absurden auseinandersetzen kann, ist nach seiner Meinung die Auseinandersetzung mit der Absurdität des Augenblicks richtiger als eine selbstmörderische Flucht, die jede Auseinandersetzung unmöglich macht.

Die Radikalität solcher Gedanken und die ihnen anhaftenden Konsequenzen zeigen deutlich, um was es bei der Auseinandersetzung mit dem Tode geht: scheiternder Totalsinn stellt rückwirkend jeden Teilsinn in Frage.

Umgekehrt gibt ein auch den Tod umfassender Totalsinn jedem Teil des Lebens einen positiven Sinn. In der Frage nach der Berechtigung der freiwilligen Selbsttötung spiegelt sich die Unsicherheit in der Sinnfrage des Lebens.

Sucht man in der Bibel nach dem *Sinn des Leidens*, so darf man keine theoretische Antwort erwarten. Es ist nicht eine theologische Lehre vom Sinn des Leidens, die den Menschen der Bibel hilft, ihr Leid zu bestehen; sie wachsen vielmehr in einer persönlichen Auseinandersetzung – oft mühsam genug – in das Verstehen hinein. Die Bibel verzichtet auf „übernatürliche Erklärungen" für rational nicht zu begreifende Leiden; sie führt uns aber zur Begegnung mit leidenden Menschen, die herausgefordert sind, ihre Leiden religiös zu verarbeiten. Das wird nirgends so dicht vor Augen geführt wie im Buch Ijob. „Im Ringen Ijobs um sein Selbstverständnis zerbricht das verkrustete Gottesbild, dem Ijob ebenso wie seine Freunde ursprünglich verhaftet ist. Die Annahme seines ganzen Lebens, auch seines Leidens, aus der Hand Jahwes jenseits der Jahwe festlegenden Kategorien von Lohn und Strafe, von Recht und Gerechtigkeit öffnet ihm die Augen für Jahwe, wie Israel ihn im Urerlebnis des Exodus erfahren hat: als den, der nahe sein will auch im Leid, der im Leid mitleiden will. . . . Sein Leid hört damit nicht auf, Leid zu sein, aber es erhält eine andere Stelle. Der Glaube, von Jahwes Liebe fundamental angenommen zu sein, ermöglicht es Ijob, sich selbst anzunehmen – auch in der Situation seines Leidens" (Zenger 1981). Nach dem Zeugnis der Schrift ist es die tiefe Erfahrung der Leidenden, daß Gott sich – wie es ein rabbinischer Ausspruch sagt – „mit dem gebeugten Herzen auf die gleiche Stufe" stellt. Wenn Israel leidet, leidet Gott persönlich mit. Es sind vor allem die Schriftstellen Jesaja 63,9: „In all ihrem *Leid* geschah *ihm* Leid" und Psalm 91,15: „Mit ihm (dem leidenden Menschen) bin ich im Leid", die schon im Alten Testament zu einer Theologie des „Mit-Leidens Gottes" führen (Greshake 1979). Der Leidende begegnet in seinem Leiden nicht der brutalen Gewalt eines bösen, vernichtenden Gottes, vielmehr darf er gerade im Leid die Nähe Gottes erfahren. Dieser Gedanke findet erst recht im Neuen Testament, im gekreuzigten Gottes- und Menschen-Sohn, seine volle Entfaltung und Verwirklichung. „Gottes Geschichte wird zur Leidensgeschichte, nicht um das Leiden dadurch zu affirmieren und zu perennieren, sondern weil in einer von der Sünde bestimmten Welt der Kampf gegen das Leiden selbst zum Leiden aus Liebe führt. Jesus hat nicht Scheitern, Passion und Kreuz gewollt. Gewollt hat er die Abkehr des Menschen von der immer neues Leid schaffenden Sünde; gewollt hat er die Freude der Gottesherrschaft. . . . das Kreuz (war) die Konsequenz seiner Anstrengung und seines Einsatzes *gegen* das Leid" (Greshake 1979; vgl. Moltmann 1973; Duquoc 1976).

Die wenigen Hinweise machen deutlich, daß die Vielfalt verschuldeten und unverschuldeten Leidens sich gegen eine alles deutende und erklärende Theorie sträubt. Soviel freilich läßt sich zusammenfassend sagen: Gott will nicht das Leiden, Gott will die Freiheit des Menschen und schenkt ihm die Fähigkeit zur Liebe. Und so widersinnig es ist, von der Allmacht Gottes die

Quadratur des Kreises zu erwarten, so wenig kann man sich freie, liebesfähige Geschöpfe in dieser Welt ohne Widerspruchsfreiheit denken. Wenn nun auch das Gesetz der Schöpfung insgesamt nicht einfach Notwendigkeit heißt, sondern Freiheit, wenn die Welt nicht einfach determiniert erscheint, sondern sich im freien Spiel der Kräfte erprobend entfaltet, dann ergibt dies auch eine Verständigungsgrundlage, um die Leiden der Schöpfung und die Widerspenstigkeit der Welt zu verstehen. „Sagen wir es gleich konkret: Daß es so etwas wie Krebs gibt, Virenerkrankungen, Mißgeburten, Unglücksfälle, Flutkatastrophen und dergleichen, ist eine notwendige Folge dessen, daß Evolution sich als Vorentwurf von Freiheit vollzieht, nicht determiniert, nicht notwendig, nicht fixiert, sondern im Spiel, im Durchprobieren von Möglichkeiten, im Zufälligen" (Greshake 1979). So verstanden wird Leiden zum Preis der Freiheit; und der Weg zu seiner Bewältigung ist der Einsatz der Freiheit und die Kraft der Liebe.

Eine solche Bewältigung von Leiden, Krankheit und Tod ist nicht an einen bestimmten religiösen Glauben gebunden. Es gibt genug Menschen, die ohne expliziten Glauben ihr Sterben menschenwürdig bestehen. Notwendig aber scheint eine ursprüngliche Sinnannahme des Daseins, deren Grund nicht einfach die positivistisch-biologische Hinnahme des eigenen Vergehens sein kann (vgl. Schwartländer 1976; Greshake 1980). Gerade da, wo die Erwartungen und Hoffnungen des gemeinsamen Alltags zuschanden werden, ist Hoffnung jener Kern, der Ergebung von dumpfer Resignation unterscheidet. Hier stoßen wir bei vielen Zeitgenossen auf unbegreifliches Mißverständnis der christlichen Hoffnung auf ewiges Leben. Unsere Hoffnung auf Ewigkeit besagt keine Erwartung eines Immer-weiter-Gehens. Das Immer-weiter-Gehen würde eine Steigerung der Vergänglichkeit bis ins Untragbare bedeuten. Drastisch gibt Beckett in seinem „Endspiel" diesem Gedanken Ausdruck, indem er Nagg und Nell in Mülleimern ihrem endlosen Ende entgegenwarten läßt. Dabei wiederholen sie den immer gleichen stereotypen Satz: „Es geht etwas zu Ende, es geht langsam etwas zu Ende." Daß dieses triste Spiel nun doch ewig weitergehen sollte, muß dem Zuschauer geradezu absurd erscheinen.

Unsterblichkeit bedeutet nicht, wie Feuerbach spöttisch meint, daß im Tod nur „die Pferde gewechselt werden" und es dann auf einer „höheren Ebene" weitergeht. Durch den Tod wandert man nicht in ein Jenseits räumlicher oder zeitlicher Art aus. Leben nach dem Tod ist schlicht das Geborgensein meines Selbst im Geheimnis der Liebe, die Gott ist.

Die Bibel bezeugt einerseits klar und eindeutig des Menschen Sterblichkeit. Er ist wie das Gras und die Blume, die am Morgen blühen und dann in der Sonne versengt werden. Dieses Vergehen ist von des Menschen eigenem Sein her *radikal* und *total.* Der Mensch hat *von sich aus* nichts, was unsterblich wäre; an ihm ist nichts unendlich, alles endlich. Der Tod trifft den ganzen Menschen; er bedeutet das Ende eines rein natürlichen menschlichen Lebens.

Andererseits bezeugt die Bibel nicht weniger eindringlich den unsterblichen Gott. *Es ist Gott allein*, der den Tod nicht kennt, der seinem Wesen nach unsterblich ist. Dieser Gott allein ist des Menschen Zukunft und Hoffnung. Damit wird die Frage, was der Tod nun wirklich sei oder nicht sei, für den christlichen Glauben konsequent auf die Gottesfrage selbst verschoben. Die Antwort auf die Frage nach Gott ist die Antwort auf die Frage, was das Nicht-Sein des Menschen im Tod für den Menschen wirklich bedeutet. Der Mensch ist dadurch Mensch, daß er die Wahrheit suchen und sein Wählen wählen kann. Darin liegt seine Würde als geistige Person, als sittliches Wesen. In dieser Tiefe seiner Person spürt er eine letzte unstillbare Sehnsucht nach Endgültigkeit, nach unbedingter Freiheit, nach gültiger Wahrheit und Liebe. Er kann diese Sehnsucht selbst nicht stillen. Gott allein kann seine Erfüllung sein. Soll in Entgegensetzung zur These von des Menschen radikaler Sterblichkeit, das Wort „unsterblich" für den Menschen überhaupt Sinn haben, so kann das nichts anderes sein als die Verheißung dieser Erfüllung. Nach dem Zeugnis der Bibel kommt ihm diese Verheißung von Gott her unwiderruflich zu. So kann man von der Unwiderruflichkeit der Person sprechen. Sie gründet allein in Gottes Treue zum Menschen, die er ihm auch durch den Tod hindurch bewahrt.

Wie dies geschieht, wissen wir nicht. Martin Buber sagt völlig zu Recht: „Unsere Vorstellung ins Jenseits des Sterbens verlagern wollen, in der Seele vorwegnehmen wollen, was der Tod allein uns in der Existenz zu offenbaren vermag, scheint mir eine als Glaube verkleidete Ungläubigkeit zu sein. Der echte Glaube spricht: Ich weiß nichts vom Tod, aber ich weiß, daß Gott die Ewigkeit ist, und ich weiß dies noch, daß er mein Gott ist" (Buber 1965).

Ärzte stehen immer wieder am Bett sterbender Menschen. Hat der Tod sie besiegt, so ist ihre Aufgabe vollendet. Ärzte haben es mit dem Leben und nicht mit dem Tod zu tun. Als Menschen aber weist sie das Sterben der anderen auch mahnend hin auf ihr eigenes Schicksal. Wir können die Frage unterdrücken, aber wir können nicht vermeiden, was unaufhaltsam auf uns zukommt.

Je mehr der Arzt Mensch wird und sein ärztliches Ethos zur Vollendung bringt, um so mehr wird auch die Frage nach dem Sinn von Sterben und Tod eine Frage des Arztes selbst, der den Menschen *nach*blickt, denen er seine Sorge geweiht hat, und dem im Schicksal dieser Menschen auch sein eigener Tod *entgegen*blickt. Haben wir den Mut, die Frage auszuhalten, dann entbirgt sich uns mehr und mehr auch die Antwort, die im Grunde der Frage schon verborgen liegt. „Nur auf der Oberfläche unseres Bewußtseins scheuen wir den Tod; jedoch der Grund unseres Daseins begehrt nach dem Ende des Unvollendeten, damit Vollendung sei" (K. Rahner).

Literatur

Buber M (1965) Nachlese, Heidelberg, S 259

van den Daele W (1985) Mensch nach Maß? Ethische Probleme der Genmanipulation und Gentherapie. Beck'sche Schwarze Reihe, Bd 299. Beck, München, S 87f

Duquoc C (1976) Das Kreuz Christi und das Leid des Menschen. Concilium 12:587–593

Greshake G (1979) Der Preis der Liebe, Besinnung über das Leid. Freiburg, S 44, 54ff

Greshake G (1980) Tod und Auferstehung. In: Böckle F u. a. (Hrsg), Christlicher Glaube in moderner Gesellschaft, Teilband 5. Freiburg, S 63–130

Kamlah W (1976) Meditatio mortis. Freiburg, Klett, S 13

Moltmann J (1973) Die Menschlichkeit des Lebens und des Sterbens. Schweiz. Ärztezeitung (14. 3. 1973 u. 21. 3. 1973) Nrn. 11 und 12

Schwartländer J (1976) Der Tod und die Würde des Menschen. In: Schwartländer J (Hrsg) Der Mensch und sein Tod. Göttingen, S 14–33

Zenger E (1981) Durchkreuztes Leben, Hiob Hoffnung für die Leidenden. Freiburg S 5, 25, 49

Krankheiten und Kranke

R. Gross

Einführung

Dem um die Jahrhundertwende führenden Heidelberger Internisten Ludolph Krehl wird die Äußerung zugeschrieben, daß wir niemals Krankheiten, immer nur Kranke behandeln. Ähnlich hat sich 1983 der englische Psychiater und Medizintheoretiker F. Kräupl Taylor geäußert, aber „bei näherem Zusehen" – wie er sagte – manche Differenzierungen gefunden (Taylor 1983).

Man kann nur Kranke und die erkennbaren Erscheinungen behandeln; aber die Konzepte dafür beruhen auf medizinischen Theorien. Der hier erkennbare *Dualismus* ist nicht neu: er reicht 3000 Jahre zurück und dürfte wohl auch die Krankheitsdiskussionen der nächsten 3000 Jahre beherrschen. Für Hippokrates – in gewissem Sinne einem Vorläufer der Epikureer – und für die Schule von Kos, in neuerer Zeit die Naturalisten oder Sensualisten, stand der einzelne Kranke ganz im Vordergrund. Für Platon und die Schule von Knidos, in neuerer Zeit die Realisten oder Materialisten, waren das Wesentliche die Krankheiten (Gross 1969). Daß diese Unterschiede in der hellenistischen Medizin zeitweilig verwischt wurden, besonders durch die sog. Empiristen des Philinos von Kos (Lichtenthaeler 1974) und die sich davon ableitende arabische Medizin, hat am Prinzip dieser Jahrtausende alten Antithese nichts verändert.

Den Siegeszug – jedenfalls in der naturwissenschaftlich orientierten Medizin, der wir bis heute fast alle wesentlichen Fortschritte verdanken – hat der große englische Kliniker und Ontologe Sydenham eingeleitet. Er hat dies so umfassend getan, daß der Medizinhistoriker Sigerist (Curtius 1959) 1932 die Feststellung machte: „Hippokrates schrieb Krankengeschichten, Sydenham die Geschichte von Krankheiten." Für Sydenham stand auch fest, daß die gleichen Krankheiten bei verschiedenen Menschen mit zum größten Teil gleichen Symptomen auftreten. Dies war die Geburtsstunde der heutigen *Nosologie.*

Zwar erleben wir wieder eine Rückbesinnung auf den kranken Menschen, der in seiner Individualität, seinen psychischen Rückwirkungen und vor allem seinem sozialen Hintergrund verstanden werden will, wie dies im Lebenswerk Victor von Weizsäckers so deutlich zum Ausdruck kommt (z.B. V. von Weizsäcker 1919, 1951). Selbst der berühmte Experimentator Alexis Carrel (1950) betonte: „Das Mißtrauen der Öffentlichkeit gegen die Medizin . . . ist vielleicht verschuldet durch die Verwechslung der Symbolwelt mit dem konkreten Kranken.... Statt ihrer Patienten sehen sie Krankheiten vor sich, wie sie in den medizinischen Lehrbüchern beschrieben sind ...".

Umgekehrt hat Wolfgang Wieland (1975) – m. E. zu Recht – betont: „Sydenham's System hat sich allen Einwänden zum Trotz gehalten, ja durch immer neue Differenzierungen ausgedehnt."

Zu dieser Alternative können wir weder heute noch morgen eine Patentlösung anbieten. Es gibt, um einen Spruch des französischen Klinikers Trousseau (Zit. bei Gross, 1969) zu persiflieren, weder nur Kranke, noch nur Krankheiten. Jede einseitige Betrachtung ginge an der Wirklichkeit vorbei. Die Medizin muß mit beiden Perspektiven leben. Je mehr wir uns mit den 2 scheinbar unvereinbaren Standpunkten beschäftigen, je besser wir beide verstehen, um so wirksamer können wir für unsere Kranken tätig werden. Es sollen deshalb – ohne Anspruch auf Vollständigkeit – zunächst die Krankheitsbegriffe besprochen werden, dann fließend in das Problem der Kranken und ihrer Ärzte überleiten.

Krankheiten

Zwar ist jeder Mensch – auch der Kranke – etwas Einmaliges, so noch nie Dagewesenes und nie Wiederkehrendes (Bürger 1934). Dem entspricht, daß nach Meinung des Physikers und Biologen Alfred Gierer (1985) beim Menschen Nukleinsäurekombinationen über 10^{120} in der Watson-Crick-Spirale der DNS möglich sind. Damit wird die innerhalb unseres Kosmos geltende äußerste Zahl erreicht. Völlig identische Kranke sind daher – abgesehen von eineiigen Zwillingen und der zu befürchtenden gentechnologischen Klonierung – denkbar unwahrscheinlich.

Um selbst mit der Diagnose arbeiten zu können, zur Kommunikation mit Angehörigen, Kollegen, Versicherungsträgern, Gerichten usw. müssen wir aber Allgemeinverständliches anbieten, muß der Arzt seine Diagnose Krankheitsbildern oder Krankheitstypen, sog. nosographischen Einheiten (Rothschuh 1965) zuordnen. Oder, wie Richard Koch sagte: „Die Erkenntnis sucht immer das Unbekannte in Bekanntes aufzulösen" (Zit. n. Rothschuh 1965). Oder – nach dem New International Dictionary of English Language: Wir suchen Einheiten von selbständiger und unabhängiger Existenz (Zit. n. Taylor 1979).

In taxonomischer Gliederung suchen wir über die Individualität hinaus eine Klasse, d. h. Kranke mit wenigstens einem gemeinsamen Merkmal bis hin zur weitgehenden Übereinstimmung. Dabei sollten wir nicht aus dem Auge verlieren, daß bei Stellung der Diagnose nur etwa 20% der Kranken das volle und lehrbuchmäßige Krankheitsbild aufweisen. Die Rolle der oligosymptomatischen Formen oder der „formes frustes" spielt in der praktischen Medizin eine wesentliche Rolle (Gross 1969). Um hierzu aber imstande zu sein, muß sie einen Zustand als wiederholt erkennen (Zit. n. Rothschuh 1965). Das erfordert Abstraktion und Typisierung. Abstraktion ist nach Husserl (Stegmüller 1969) ja auch nichts anderes als eine kategoriale Form der Wahrnehmung.

Stufen der Erfassung von Krankheiten

System von Krankheiten

Taxonomische Zuordnung

Darstellung einer Klasse
(wenigstens 1 gemeinsames Merkmal)

Kasuistik

Leider sind unsere Krankheitsbegriffe ganz unterschiedlicher Herkunft. Das ist ein Mangel, mit dem wir zur Zeit in einer Periode des Übergangs von einer rein deskriptiven Pathologie in eine molekular-biologisch-kausale leben und arbeiten müssen.

Herkunft von Krankheitsbezeichnungen

Historische

nach dem Namen von Beschreibern
nach dem Namen von Patienten
nach dem Namen von Städten

Pathologisch-anatomische Bezeichnungen

Reine Deskriptionen
Deskriptive Analogien

Bezugnahmen auf Ursache

Unbekannte Ursache = „Essentiell", „primär", „idiopathisch" u. ä.

Prognostische Aussagen

Dazu kommt, daß es keine Grenzen, vielmehr fließende Übergänge gibt. Carl Friedrich von Weizsäcker (1964) bemerkte dazu: „Trennen ist eine dem menschlichen Geist notwendige Operation; aber alle bloße Trennung ist künstlich. Das Diskrete ist nur gedacht, Kontinuität ist ein Merkmal der Wirklichkeit." Ich zeige dazu, beispielhaft für die Medizin, jenen Zwischenbereich (Abb. 1) bei dem die Zweiteilung in normal und krankhaft (pathologisch) beträchtliche Schwierigkeiten bringt. Dies hat mich schon vor vielen Jahren dazu veranlaßt, grundsätzlich eine Dreiteilung vorzuschlagen: Sicher normal – grenzwertig – sicher pathologisch.

Schließlich ist die Diagnose einer Erkrankung nichts statisches, einmaliges (wie manche Computerfachleute meinen), sondern etwas dynamisches, das vom natürlichen Ablauf der Erkrankung („natural history"), vom ganz unterschiedlich schnellen Eintreffen unserer Untersuchungsergebnisse und von den Wirkungen zwischenzeitlicher Behandlungsmaßnahmen bestimmt wird (Abb. 2).

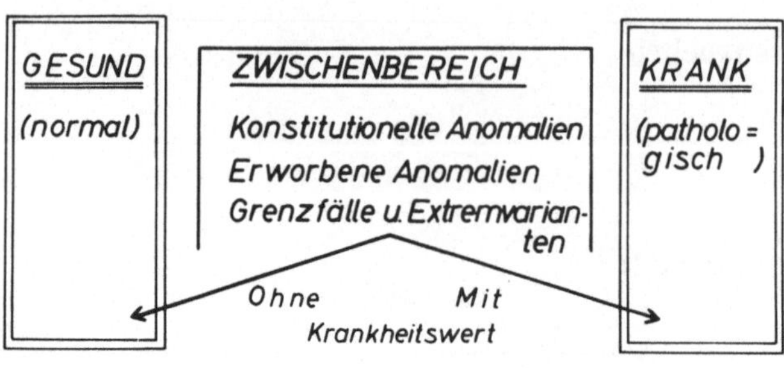

Abb. 1. Zwischenbereich bei der Zweiteilung in normal und krankaft

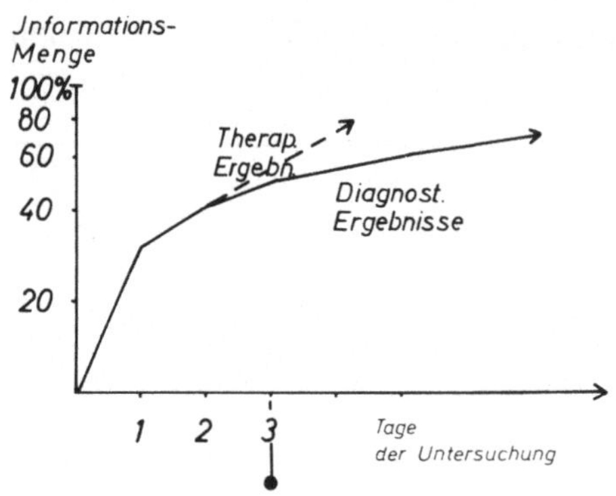

Abb. 2. Information über Kranke in Abhängigkeit von Untersuchungszeit, Verlauf und Therapieeinflüssen

Die folgende Übersicht faßt nochmals die Ursachen verschiedener Krankheitsabläufe zusammen.

Ursachen Veränderter Krankheitsabläufe

1. Individuelle Veränderungen

Spontane Änderung der Noxe (Ursache)
Spontane Änderung der Abwehr und Adaptation
Therapieinduzierte positive Änderungen
Therapieinduzierte negative Änderungen
Interferenz mehrerer Krankheiten oder Behandlungen

2. Epidemiologische Veränderungen

Mutationen und Selektionen
Einflüsse von Prävention
Einfluß der Lebensgewohnheiten,
Soziologische, ökologische, ökonomische Bedingungen

Vergessen wir nicht, daß wir auch den Kranken zu ganz unterschiedlichen Zeitpunkten sehen. Die ärztliche Situation ist einmal mit der eines Theaterkritikers verglichen worden: dieser würde eine Besprechung ablehnen, wenn er etwa in der Mitte des 3. Aktes zur Aufführung käme. Vom Arzt erwartet man ein Urteil, wann immer er gerufen wird. Nur die sorgfältige Erhebung der Vorgeschichte, die Anamnese, schützt ihn dabei u. U. vor folgenschweren Irrtümern.

Eine Diskussion der verschiedenen, in der internationalen Literatur gegebenen Krankheitsbegriffe würde uns allein einen Vormittag, ja ein Semester kosten. Ich werde mich statt dessen auf eine eigene Definition beschränken und verschiedene Typen von Krankheiten herausarbeiten.

Vorher müssen wir uns noch mit dem *Begriff des Syndroms* beschäftigen, zu dem Bernfried Leiber (1973) und Gertrud Olbricht (1973) so Wesentliches beigetragen haben. „Syndrom" ist sozusagen der weitere und unverbindlichere Begriff.

Ein **Syndrom** ist eine Gruppe in sich gleichartiger Erscheinungen
von aktuell unbekannter Ursache,
von generell unbekannter Ursache,
von bekannt verschiedener Ursache,
von anderen nicht sicher abgrenzbar.

Es handelt sich um eine Gruppe krankhafter Erscheinungen. Symptome oder technischer Daten, die entweder ganz verschiedene Ursachen haben, oder von denen die medizinische Wissenschaft als solche, oder von denen wir zum Zeitpunkt der Untersuchung die Ursache nicht kennen. Leiber (1973) sprach deshalb einmal treffend von „Krankheiten im Wartestand".

Damit ergibt sich der entscheidende Unterschied zur Krankheit (s. Übersicht).

Allgemeine Definition einer Krankheit

Eine oder mehrere Erscheinungen, die eine Abweichung vom physiologischen Gleichgewicht (Homoiostase) anzeigen und durch definierte endogene oder exogene Noxen verursacht werden.
Sie können durch den Schaden selbst, durch Abwehr- oder Kompensationsmechanismen bedingt sein.

Sie unterscheidet sich vom Syndrom durch eine einheitliche und bekannte Ursache. Man beachte: Die Erscheinungen können durch (endogene oder exogene) Noxen ebenso verursacht sein wie durch Abwehr- und Kompensationsmechanismen. Auch diese Abwehrmechanismen können paradoxerweise bis

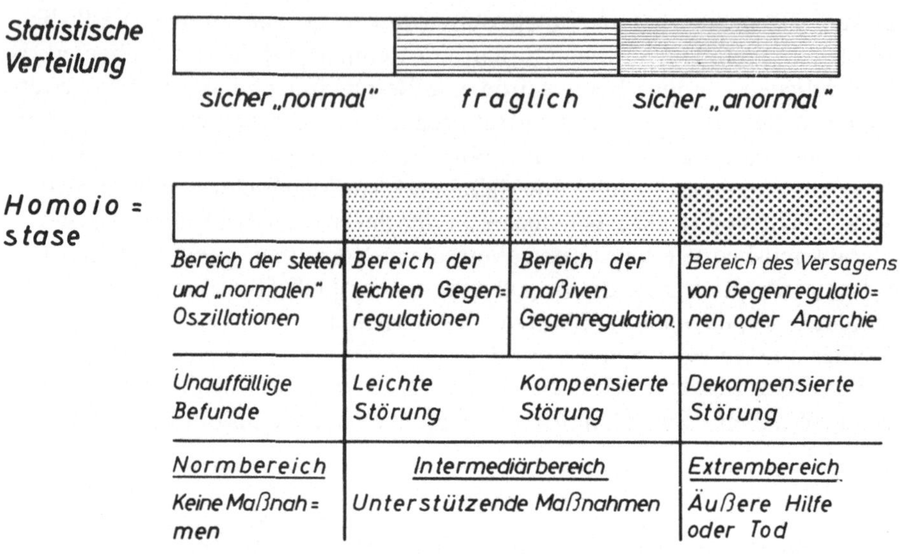

Abb. 3. Qualitativ-quantitative Abstufungen

zur Gefährdung der Existenz des Betroffenen führen. Ich erwähne beispielhaft nur die schweren Schockzustände mancher Kranker nach Injektion eines von einer anderen Spezies stammenden Immunserums oder an die Antikörperbildung gegen Insulin bei Diabetikern.

Abschließend sollen noch verschiedene qualitativ-quantitative Abstufungen aufgeführt werden, mit denen wir es in der Praxis zu tun haben (Abb. 3).

1. Da sind zunächst die zahlreichen *Störungen der Befindlichkeit,* die meist ärztlicher Maßnahmen nicht oder allenfalls geduldigen Zuhörens oder eines Zuspruchs bedürfen. Störungen der Befindlichkeit können aber einerseits Ausdruck einer noch verborgenen Krankheit sein – umgekehrt langfristig zu einer solchen führen.
2. Die Störungen der Befindlichkeit leiten fließend über zu dem Heer *selbstheilender Erkrankungen,* bei denen allenfalls unterstützende Maßnahmen zur schnelleren Genesung und zur Verhinderung von Komplikationen (wenn überhaupt!) angezeigt sind. Gerade bei leichteren Störungen hält es der Kranke heute für ein einklagbares Recht, daß diese, nach der Art einer *mechanischen Reparatur,* schnell behoben, daß Arbeits- und Genußfähigkeit wieder hergestellt werden.
3. Aus diesem *Intermediärbereich* geht es fließend über zu jenen Kranken, die ohne fremde Hilfe verloren wären.
4. Ihre *extreme Form* sehen wir täglich auf den Intensiv- und Wachstationen der Krankenhäuser mit ihren Beatmungsgeräten, Schrittmachern, Dialyseeinrichtungen usw.

Der amerikanische Soziologe Talcott Parsons hat für die ernsteren Erkrankungen Merkmale formuliert, die in meiner Kenntnis bis heute nicht übertroffen wurden: Der Kranke ist gekennzeichnet durch Hilflosigkeit oder Hilfebedürftigkeit – fachliche Inkompetenz – Störungen des emotionalen Gleichgewichts. Der Arzt handelt demgegenüber nur mit seinem ärztlichen Können leistungsorientiert – funktional und krankheitsspezifisch-emotional neutral. Jaspers (1959) hat diese emotionale Neutralität in das schöne Wort gefaßt: „Ein hoher Anspruch, daß in der Kühle das Herz wach bleibt. . . .“

Kranke

Der Wiener Psychiater Ringel (1984) hat dem Wort „Wahrnehmen“ für den ärztlichen Gebrauch 2 treffende Interpretationen gegeben: Wahrnehmen bedeutet einerseits die Erkennung, Sammlung und Gewichtung der Befunde, die wir beim Krankheitsbegriff gestreift haben. Ringel versteht andererseits darunter: die Subjektivität des Kranken für wahr nehmen, ihn annehmen. Dieser kann leiden, ohne objektive Kriterien zu bieten. Mitleid ist keine ärztliche Haltung, Mitfühlen um so mehr. Ringel (1984) hat auch von seinem Lehrer, Alfred Adler, übernommen, was der Arzt gegenüber seinem Kranken wenigstens versuchen sollte: mit *dessen* Sinnesorganen sehen und hören, mit *dessen* Herzen fühlen.

Damit führt der Weg zurück zu der bereits angesprochenen *Individualdiagnostik*. Sie bedeutet (Curtius 1959):

1. Ergänzung der oft zu allgemeinen und – wie wir sahen – notwendigerweise kategorischen Schuldiagnose;
2. Berücksichtigung der individuellen Besonderheiten, vor allem der endogenen Faktoren wie prämorbider Zustand, individuelle Reaktionsweise, Organdispositionen, Auswirkungen der Persönlichkeit als solcher.

Damit sind wir zugleich bei einer Art von *Gestaltpsychologie*, denn der Mensch ist mehr als die Summe seiner Organe.

Bei aller morphologischen und funktionalen Zuordnung, die durch die heutige Spezialisierung begünstigt wird, sollten wir uns immer bewußt sein, daß wir einen kranken Menschen und nicht die (freilich kommunikativ unverzichtbare) Abstraktion Krankheit vor uns haben.

Der Irrtum der schwer übersetzbaren „Fallacy of misplaced concreteness“, die der englische Philosoph Alfred North Whitehead für das Merkmal eines naiven physikalischen Materialismus des 19. Jahrhunderts ansah (Zit. n. Rathes, 1975), spielt bei einem Teil unserer jüngeren Ärzteschaft aus Gedankenlosigkeit oder aus Mangel an Zeit eine wesentliche Rolle. Auch die Erfolge sog. Außenseiter beruhen zu einem großen Teil auf der Tatsache, daß sie bessere Psychologen sind oder besser zuhören können.

Die *Gefahr* liegt in der *Reduktion* der Vielschichtigkeit und Vielseitigkeit auf einen gemeinsamen Nenner, in der begrenzten Möglichkeit, den Kranken rein naturwissenschaftlich erfassen zu wollen.

Was bleibt uns zur Zeit?

Zum Schluß eine deutsche Übersetzung des berühmten französischen Wortspiels:

Manchmal heilen –
Häufig lindern –
Immer trösten.

Die Anteile haben sich zum Glück in den vergangenen Jahrzehnten wesentlich verändert. Die Prinzipien sind aber unverändert die gleichen geblieben.

Literatur

Bürger M (1934) Klinische Fehldiagnosen. Thieme, Stuttgart
Carrel A (1950) Der Mensch, das unbekannte Wesen. Stuttgart
Curtius F (1959) Individuum und Krankheit. Springer, Berlin
Gierer A (1985) Die Physik, das Leben und die Seele. Piper, München
Gross R (1969) Medizin. Diagnostik – Grundlagen und Praxis. Springer, Berlin Heidelberg New York
Jaspers K (1959) Die Idee des Arztes. Ärztl Mittlg (18):476
Leiber B (1973) Die Nosologie auf dem Weg zu neuen Ordnungssystemen: Syndrome und Syndromatologie
Leiber B, Olbricht G (1973) Die klinischen Syndrome. Urban und Schwarzenberg, München
Lichtenthaeler Ch (1974) Geschichte der Medizin, Bd. I und II. Deutscher Ärzteverlag, Köln
Parsons T (1977) Social systems and the evolution of action theory. The Free Press, New York
Rathes LJ (1975) Zur Philosophie des Begriffs Krankheit. In: Rothschuh KE (Hrsg) Was ist Krankheit? Wissenschaftliche Verlagsgesellschaft, Darmstadt
Ringel E (1984) Die österreichische Seele. Bohlau, Wien
Rothschuh KE (1965) Prinzipien der Medizin. Urban und Schwarzenberg, München
Stegmüller W (1969) Hauptströmungen der Gegenwartsphilosophie (I). Kröner, Stuttgart
Taylor FK (1979) The concepts of illness, disease and morbus. Cambridge Univ. Press, Cambridge
Taylor FK (1983) A logical analysis of disease concepts. Compr Psychol 24:35
v. Weizsäcker CF (1964) Die Tragweite der Wissenschaft. Stiezel, Stuttgart
v. Weizsäcker V (1919) Zum Begriff der Krankheit. Arch Klin Med 129
v. Weizsäcker V (1951) Der kranke Mensch. Köhler, Stuttgart
Wieland W (1975) Diagnose – Überlegungen zur Medizintheorie. de Gruyter, Berlin

Kunst – Heilmittel der Medizin[1]

G. H. Ott

Wenn ein Arzt den ganzen Menschen heilen möchte, kann es nicht genügen, den körperlichen Defekt allein zu reparieren. Körper, Geist und Seele fordern vom Arzt ein dreifaches Wissen und eine dreifache Therapie: den Körper zu flicken, den Geist zu befriedigen und die Seele zu erquicken. Bildende Kunst im medizinischen Bereich hatte und hat dabei als Arzneimittel im Rüstzeug des Arztes eine bewährte, in vielen Kulturkreisen aller Zeiten nachweisbare Geschichte. Erst in der naturwissenschaftlich orientierten Medizin ist dieses Wissen, ist dieser Therapieansatz verloren gegangen. Derartige Erfahrungen sind kaum zu vereinbaren mit einem materialistischen Menschenbild und einer allein evolutionär interpretierten Menschwerdung. Dieses vergessene, verdrängte und negierte Kulturgut gilt es neu zu überdenken. Ziel dieses Beitrages ist es, eine „Heilungskraft der Seele“ am Beispiel der Wirkung von Kunstwerken auf Kranke und Leidende zur Diskussion zu stellen. Hoffnung, Barmherzigkeit und Ehrfurcht vor dem Leben sind Urquellen dieser Heilungskraft der Seele. Wenn wir uns zu ihr bekennen, fordert sie ein umfassenderes Menschenbild in unserer Zeit.

Seit mehr als 15 Jahren haben wir in der chirurgischen Abteilteilung des Evangelischen Krankenhauses Bad Godesberg die Wirkung von Kunstwerken auf Kranke beobachtet (Ott 1979). Dabei erschlossen sich eine Fülle von Gesetzmäßigkeiten, die, einmal erkannt, leicht zu interpretieren sind. Es zeigte sich bald, daß hierbei unterschiedliche Regeln in Abhängigkeit von verschiedenen Phasen der Krankheitsbewältigung vom Arzt zu beachten sind. Im Krankenzimmer selbst, auf den Fluren, im Umfeld des Operationssaales, auf den Fluren und Wartezimmern, im Sterbezimmer und Trauerraum sind sehr differenzierte Kunstwirkungen zu erfahren, haben unterschiedliche Kunstwerke und Medien ihre Vorrangigkeit[2]. Großartige Kunstwerke von berühmten Künstlern können hier fehlplaziert sein. Wir haben die Erfahrung gemacht, daß Kranke auf Kunstwerke und deren Aussagen nicht anders reagieren als Gesunde. Jedoch ist der Kranke wie für Ton und Licht überraschenderweise auch für Farbe, Form, Rhythmus und Erzählung besonders sensibilisiert. Fast ausschließlich wurden Kunstwerke der Gegenwart ausgestellt, die überwiegend im weite-

---

[1] auszugsweise enthalten in dem Beitrag Der andere Blick. Heilungswirkung der Kunst heute. Du Mont 1986 Köln.

[2] s. hierzu Abbildungen im Beitrag E. Weiss.

ren Umfeld dieses Krankenhauses entstanden sind. Es ist ein aufregendes Neuland, Kunst und Medizin, die Heilungswirkung der Kunst heute am Kranken in unseren betriebswirtschaftlich orientierten Krankenhäusern zu erfahren. Für Arzt und Patient gleichermaßen wurden die bedeutsamen Anregungen belohnt. Eine erweiterte Krankheitslehre ist hier zur Erklärung der Phänomene gefordert.

Stellungnahmen von Patienten und Besuchern wurden gesammelt, Journalisten führten Interviews und Befragungen durch. Werke wurden aufgehängt, abgehängt, überklebt, zerstört, gestohlen. Eine Holzplastik im Garten – speziell für das Krankenhaus geschaffen – wurde wiederholt im Walde zerstreut, nachts angezündet und zur Wäscheleine umfunktioniert. Wie von altersher reagieren unsere Mitbürger auch bei Neuem in der Kunst zunächst gern mit Belehrungen und Verboten, Ablehnung oder gar Zerstörungswut. Neue geistige und seelische Herausforderungen bewirken beim Menschen ein Gefühl der Bedrohung. Neue Sehensweisen brauchen Zeit, bis die neue „Sprache des Künstlers" verstanden wird.

Als „Wandschmuck" bieten „die Krankenhausträger" heute ihren Patienten meist kahle Wände, häufig auch billige Drucke in mehr oder weniger teurem Rahmen, man liest allenfalls Sprüche und sieht nur selten originäre Kunst. Die Wirkung der Reproduktionen entspricht ihrem Wert, sie sind Tapetenmuster. Solche Bildwiedergaben werden kaum wahrgenommen, sie werden sicher nicht erlebt. Die auf den ersten Blick einleuchtende Forderung, mündige Patienten sollten doch ihren Wandschmuck im Zimmer selbst aussuchen dürfen (vielleicht auch ihre Arznei und Operation selbst wählen), befriedigt nicht. Der Kranke wählt dann am häufigsten Urlaubsbilder, Cover-Girls, Tierbilder, Kinderzeichnungen, Traumfahrzeuge u.a., ein Kunstwerk wählt er nur in Ausnahmefällen. Das allerdings möchte der „Krankenhausträger" ja auch nicht, das gleicht zu sehr einer Kantinendekoration und dem versteckten Pornobild im Wandschrank. Bild als Therapie muß also in erster Linie kraft ärztlicher Erfahrung und Verantwortung mit der ihr zugesicherten Therapiefreiheit genutzt werden; eine solche Therapie kann sich eben nicht nach Anweisungen von Verwaltungsgremien ausrichten, kann und darf sich nicht den sich Kunstverstand anmaßenden Kommissionen, Gremien, Ausschüssen etc. unterordnen.

Unser bisheriges Wissen um die Wirkungen von Kunst in der Medizin ist wenig diskutiert. Dieser Wissensbereich ist allenfalls in der Ethnomedizin, Anthropologie und Medizingeschichte archiviert – meist aber ganz vergessen. Selbst in der Kunstgeschichte findet man nur wenig Gültiges. Es gibt dafür bis heute keine ärztlich praktikablen Richtlinien oder Erfahrungsanalysen. – Unsere Kenntnisse von therapeutischem Musizieren, Theaterspielen oder Zeichnen bringen in diesem Problemzusammenhang wenig oder nichts. Es gilt nicht, das Kunstschaffen als Therapieform zu nutzen, sondern den Code einer heilsamen Kommunikation zwischen Kunstwerken und Kranken nutzbar zu machen.

Es ist nicht zu übersehen: Kunstwerke im Krankenhaus veranlassen die Patienten, mit ihren Bettnachbarn, dem Pflegepersonal, den Besuchern, den Ärzten ihre oft schwer überwindbare Isolation zu durchbrechen. Zerstreuung, Tröstung, Stimulierung und selbst Ablehnung dieser Kunst lenken vom Leiden ab. Sicher ist auch eine Identifizierung mit „unästhetischen" Bildinhalten und mit eigenem Leiden zur Krankheitsbewältigung hilfreich, die Altarbilder in unseren spätmittelalterlichen Hospitalkirchen können hierfür richtungweisend sein.

Die Sehnsucht des Patienten nach einer Sinngebung für die Erkrankung als Teil der Genesung, die Fragen nach Lebenssinn, überhaupt die Fragen nach Wert und Unwert von Leiden und Tod zur Persönlichkeitsentfaltung und Schicksalsbewältigung werden heute kaum wahrgenommen. Ärzte, Pflegende, Verwaltungen und Gesetzgeber sind dafür meistens betriebsblind. Trost und Hoffnung als Bestandteil der Genesung, als Befriedung geistiger Not, werden aber immer deutlicher und lassen sich kaum mehr überhören, dringen in das öffentliche Bewußtsein und fordern ihr Recht. Hinzu kommen die rational kaum artikulierbaren Wünsche nach mitmenschlicher Zuwendung, Anteilnahme, Fürbitte, Mitleiden, kurz: nach Erbarmen. Sie zeigen, daß auch Seelisches, daß Wärme zum Heilen und Genesen gehört. Auf diesem Feld wird die Heilungswirkung der Kunst in der Medizin verständlich. Das engt nicht unsere naturwissenschaftliche Medizin ein, auf deren Errungenschaften wir stolz sind und die es zu erhalten und zu ergänzen gilt. Diese Sicht erweitert aber unser ärztliches Rüstzeug. Große Ärzte der Vergangenheit, aber auch nahezu alle Kulturkreise, besonders die sogenannten Primitiven, wußten und wissen von der dreifachen Ebene einer Krankheit und deren Heilung: Kausale Erklärungen des Lebendigen gehören in die Physik des Körperlichen und Funktionales zum Lebendigen, logische Erklärungen gehören in die Welt des Verstandes bzw. des Geistes und emotionale in den Bereich der Seelenkunde. Jeder Bereich hat seine Kommunikationsinstrumentarien für sich, hat seine Wechselbeziehungen zu den anderen Ebenen, hat seine eigene Pathogenese und bedarf eines speziellen diagnostischen und therapeutischen Rüstzeuges. Ein Kranker ist deshalb nicht ausreichend durch die Wiederherstellung seiner Körperfunktion und seiner Körperlichkeit allein genesen, er muß im Geiste seine Krankheit bewältigen, und er muß in seine Zeit, seine Umgebung, seine Gesellschaft, seine sozialen Bezüge, er muß in seinen Kosmos zurückfinden, er bedarf hierzu einer inneren Gestimmtheit.

Die Wirkungen von Kunst auf den Kranken lassen sich sicher nicht mit den Meßmethoden der naturwissenschaftlichen Medizin ausreichend erfassen. Wir erfahren sie vorrangig in uns, sie ist ein Pharmakon des Seelischen und nur sekundär des Körpers. Es lassen sich aber sicherlich auch im Körperlichen Rückwirkungen des Kunsterlebens fassen. Wir konnten so beispielsweise die Wirkung eines rhythmischen Tones im Umfeld eines Operationsraumes vor und nach der Narkose sehr wohl als Temperatursteigerungen der Extremitäten, als Atmungs- und Kreislaufstabilisierung, als Streßabbau, Beruhigung etc. objektivieren (Ott 1986).

Die Begriffe gesund und krank, heilen und erkranken, ärztliche Behandlung und Arzt etc. hatten zu allen Zeiten unterschiedliche Begriffsinhalte. Unsere heutige Vorstellung vom Heilen und dem Heilkundigen sollten wir daher auf dem Hintergrund seiner Geschichte sehen. Ärztliches Handeln war und ist abhängig in allen Kulturkreisen zu allen Zeiten von den jeweils gültigen Paradigmenlehren mit ihrem davon wieder abhängigen Menschenbild und seiner Krankheitslehre (Kuhn 1978).

Arzt sein und ärztliches Handeln ist anders zu sehen in einer naturwissenschaftlichen Medizin: hier orientiert sich alles an der Morphologie, an Physik und Chemie, an der Evolutionslehre und Lehre von der Informatik. Diese heute dominierende Medizin mit ihrem Menschenbild und ihrer Krankheitslehre ist Materialismus. Geistiges und Seelisches ist allenfalls noch Begleitmusik, Echo des Materiellen. Ganz anders ist dies in einer anthropologischen Medizin zu sehen, in der geisteswissenschaftliche Kräfte, in der Geist und Seele, in der Kultur und Soziologisches ethische Normen mit prägen. Eine Medizin, welche den Menschen als Teil eines kosmischen Geistes kulturwissenschaftlich sieht, hat Transzendentes, hat Metaphysisches auch in der Medizin zu beachten (Baier 1985). Ohne die Begriffe und Befunde der Geistes- und Geschichtswissenschaften, der Kulturwissenschaften und der Kulturanthropologie, der Sozialwissenschaften, der medizinischen Soziologie bleiben die Erfahrungen und Anwendungen der naturwissenschaftlichen Medizin blind. Umgekehrt, ohne die Erforschung des Menschen als Körper unter Körpern, laufen die Nichtnaturwissenschaften ins Leere. Ob die immer weiter verfeinerte Erforschung der Struktur, Physik und Chemie des „Klaviers Gehirn“ uns helfen, Wirkung und Erlebnis einer damit erlebten und empfundenen Symphonie zu deuten, bleibt zweifelhaft (Popper u. Eccles 1982, Nieuwenhuys 1985).

Heute noch werden Kranke nicht nur mit Analgetika und Abführmitteln oder mit Psychopharmaka und Schlafmitteln behandelt. Viele Kranke erleben Heilsames, sie genesen aus Seelenkrankheit und von psychosomatischen Beschwerden auch durch Kunstwerke: so z. B. Hindus und Buddhisten durch das Lesen Heiliger Schriften, manches Mal unterstützt von Beschwörungen, mit Hilfe magischer Zeichen, mit heilbringenden Bildern (Thanka) und mit Hilfe von Tanz, Yoga, Meditation u. a. Im Amazonasgebiet kann das Flötenspiel des Medizinmannes auch im Fieberdelirium und Kranksein helfen. Es ist noch nicht allzu lange her, da hatten in einer naturphilosophischen Medizin, und heute noch in der jahrtausendalten Arjuveda-Medizin Indiens, Kunst, Tanz und Ton einen festen Stellenwert. Nicht nur bei den Aborigines in Australien helfen auch heute noch Kunst, Symbole, Tanz, Magie und Gesänge zur Heilung von Kranken. Sie helfen auch den Hinterbliebenen, Trauer um Tote zu bewältigen, sie sind unentbehrliches Rüstzeug für „the man of high degree“, sie wecken Heilkräfte, bewirken Beruhigung und Anteilnahme in solcher Gruppentherapie eines Jägerstammes.

Für unsere Probleme eröffnet sich hier ein breites Forschungsfeld, welche Wirkungen z. B. Farbe, Zeichen, Symbol, Ton, Geruch, Licht und Wärme auf Befinden und Empfinden eines Kranken oder Gesunden ausüben. Unser heutiges Wissen von den unterschiedlichen Zuständigkeiten der beiden Gehirnhälften: links vorrangig für Vernunft bzw. Logik, rechts vorrangig für Ästhetik, Emotionen und Gefühle, kann nur als Hinweis zum Verständnis dessen, was gemeint ist, dienen. Nicht nur eine „Wissenschaft der Freiheit" ist heute gefragt, mehr noch fehlt uns eine „Wissenschaft der Gefühle, der Emotionen und der Kräfte der Seele", in der auch das Phänomen „Heilkraft des Glaubens" Wirklichkeit ist. Psychologen haben uns bis heute die Heilungskräfte der Seele zur Bewältigung von Erkrankungen nur unzulänglich oder überhaupt nicht erschlossen. Auch in den Naturwissenschaften bleibt zu klären, ob und in welchem Umfang die Strukturen und die Physiologie des Zentralnervensystems und des peripheren Nervensystems mit diesen erlebten Heilungskräften der Seele zu vereinbaren sind. Wie sollte hier Würdiges aus Geist geboren werden, wenn es nicht von Seelenwärme geprägt wäre. Damit könnten wir neue, meist sind es sehr alte Leitsterne mitmenschlichen Handelns entwickeln und könnten ärztliches Handeln am Ende des Lebens, in Grenzsituationen des Kranken, beim Sterbenden und Inkurablen, beim Alten und beim Toten ausrichten: Kunsterlebnis beim Kranken zur Lehre für ärztliches Handeln.

Zweifelsohne hat auch die Psychologie der Gefühle, einschließlich der Kunstwirkung, ihre Evolution zu bedenken: die Evolution und Informatik von Leiden, Trauer und Schmerz, sowie die für Menschen so spezifischen Neuerwerbungen der ästhetischen Gefühle, wie auch die altruistischen und das Erbarmen.

Natur- und Geisteswissenschaften haben bis heute kaum Methoden und Instrumentarien entwickelt, um die Entstehung und Wirkungsweise der Gefühle, Emotionen und Triebkräfte der Seele sowie deren Wechselwirkung mit der Ratio zu analysieren. Wir wissen so wenig vom Kranksein des Gesunden wie vom Gesundsein des Kranken. Die Gefühlswelt kommuniziert mit dem Körperlichen, sie hat auch Wechselbeziehungen zum Geistigen: Denken beeinflußt unser Fühlen, aber möglicherweise beeinflußt unser Fühlen noch intensiver unser Denken. Dahinter erschließt sich uns bislang kaum der Bereich des Seelischen und seiner Beziehungen zum Körperlichen und Geistigen. Körper, Geist und Seele sind kaum trennbare Aspekte des Lebendigen, sicher haben sie aber ihre eigenen Hoheitsgebiete in der Persönlichkeit des Menschen. Die abendländische Denkungsweise, aufbauend auf Vernunft, Geist, Logik, mit all ihrem Fortschritt und der Entwicklung von Wissenschaft und Kultur relativiert sich heute als einseitige Anpassung an meist ältere Kulturkreise, in denen biologische und seelische Werte vorrangig gepflegt und entfaltet wurden. Die Kulturen der Primitiven stellen sich daher mit Recht weitgehend gleichrangig neben unsere sogenannten Hochkulturen.

Die bewußte Nutzung des Gedächtnisses, von Sprache, Musik, Gestik und Tanz, das Reich des Geschmacks und des Geruchs, des Lautes, der Farbe und der Formen öffneten uns die Welt der Kunst, der Kultur und kann zugleich Rüstung und Hilfe in Krankheit und Not sein.

In den Urzeiten der Menschwerdung, als Neandertaler erstmals Strichfolgen und Kreuze an Höhlenwänden und auf Knochen ritzten, als erstmals Verstorbene mit roter oder gelber Erde bestreut wurden – und so Farbe in Medizin und Religion in Einsatz gebracht wurde –, als sich erstmals Urlaute und Geräusche zu Wortformen bildeten und Töne erklangen, als der Geruchssinn nicht mehr allein im Dienste der Überlebensstrategie genutzt wurde und Geschmack die Küche verbesserte, als erstmals Farben und Symbole dem Menschen in Magie und Glauben dienten, war die Zeit der Bewußtwerdung des Menschen, der Beginn zur Entfaltung von Kultur und Vernunft angebrochen. Alle sich auf Sinneserlebnisse stützende Kommunikation hat für die Grenzbereiche zwischen Geist und Seele höchst eigene, für jedes Sinnesorgan vielleicht sogar mehrere Sprachen entwickelt; die Kunst in vielen Medien und Formen spricht dafür. Dabei ist zu prüfen, ob nicht auch Kombinationen von verschiedenen Sinnesebenen zusätzliche, komplexe Codes entwickelt haben, die zwischen Seele und Geist einerseits und zwischen Seele und Körper andererseits Beziehungen bzw. Kommunikationen unterhalten. Nicht zu bezweifeln ist dabei, daß diese Kommunikation mit all ihren Codes sich auf physiologische, anatomische und physikalische Eigenschaften stützen, d.h. daß die Morphologie des lebendigen Körpers erst dafür Voraussetzungen schafft. – Es gibt keine derartigen Kommunikationen, wenn ein Sinnesorgan – wie das Auge oder das Ohr – fehlt. Es ist sicher irreführend anzunehmen, daß es nur einen Code, ein einziges Zeichensystem bzw. eine einzige Kunstform für die Sinnessprachen eines Individuums mit seiner Umwelt gibt. Es ist wahrscheinlicher, daß es für jedes Sinnesorgan viele Codes, mehrere Kunstformen zur Verständigung gibt. Deshalb ist sicher eine Vielfalt von Kunstmedien für den Ansatz Kunst und Medizin zu bedenken. Sicher hat der Künstler eine ausgeprägte Fähigkeit, einen solchen „Code der Seele“ zu senden, wobei verschiedene Individuen gar nicht oder unterschiedlich fähig sind, diesen Code zu empfangen, ihn wahrzunehmen und zu verstehen. Es bedarf für jeden unterschiedlicher Lernzeiten zum Verstehen dieser Kommunikationsform in der Kunst. Manche lernen den Code nie; das sind die Menschen ohne Empfänger für diese „Sprache des Künstlers“. Der Augenmensch, Hörmensch, Musikliebhaber, der Kunstverständige, Geschmacksexperte und andere finden so eine Erklärung.

Es ist unverkennbar, daß solche Kommunikationen über vorgegebene Codes, wie wir sie in der Musik, Malerei, Küche und wie wir sie mit Tastsinn und Geruch erleben, zugleich auf den Geist und auf die Seele wirken, d.h. sowohl Ideen als auch Gefühle zu bewegen vermögen. Philosophie und Sprache dienen als Code des Verstandes, der Kommunikation von Geist zu Geist. Musik ist darüber hinaus ein Code zur Verständigung von Seele zu Seele. Dichtung, Malerei bzw. Bildende Kunst nehmen eher eine mittlere Position ein. Sie ermöglichen eine Kommunikation von Geist zu Geist und oftmals zugleich eine unterschiedlich intensive Verständigung von Seele zu Seele. Hierbei spricht ein Kunstwerk sehr unterschiedlich vorrangig auf dem Hoheitsgebiet des Geistes oder auf derjenigen der Seele oder beider zugleich; oft sind dabei sensitive Reize mit einbezogen. Solche Codes, solche Verständigungen bzw. Informationsübermittlungen von Mensch zu Mensch haben ihre eigene Originalität, sie sind unübersetzbar: Liebe, Tonerlebnis, die Erlebniswirkung von Kunstwerken, Geschmack, Gerüche können kaum oder nur andeutungsweise in Begriffe und Sprache transferiert werden.

Den „Code der Kunstwerke, der Musik, des Gedichtes, des Geschmacks" können nur wenige senden – empfangen können ihn meist viele, und dies unterschiedlich intensiv. Gerade Kranke sind wegen ihrer generell erniedrigten Reizschwelle für diese Aussagen besonders sensibilisiert und empfangsfähig.

Scheinbar umfassend ist unser Wissen von der Heilkunde des kranken Körpers, seiner Organe und seiner physiologisch-chemischen Funktionen. Das Wissen um die Bedürfnisse des Geistigen und seiner strukturellen und funktionellen Voraussetzungen im Gehirn enträtselt sich zunehmend der Forschung in unserer Zeit. Aus dem Wechselspiel von Zufall und Selektion haben wir ein evolutionäres Welt- und Menschenbild entwickelt, welches vom Urknall bis zur Kultur unserer Tage umfassend beschreibend und erklärend Materie und Energie zu ordnen weiß. Vom Organismus und Geist haben wir Kenntnis, und wir sind in der Lage, mit dem sich noch stetig verbessernden Wissen und Können die Erkrankungen von Körper und Geist mit adäquaten Mitteln und Methoden zu behandeln.

Vergessen, aus dem Gesichtskreis geraten ist aber das uralte Wissen aus vielen Kulturkreisen von den Erkrankungen und der Heilungskraft der Seele, erfahrbar an der Heilwirkung der Kunst auch heute. Die Wissenschaft der Ikonotherapie (Schadewaldt 1986) gilt es wieder zu entdecken. Die Heilungskraft der Seele gilt es wiederzuentdecken, uns und unseren Kranken als zusätzliches Heilmittel zu erschließen. Damit ist nicht Heilsames aus dem Verstande gemeint. Es gilt, für unsere Kranken die heilsamen Wirkungen einer tröstenden, mitfühlenden Hand, eines Rituals, eines Tons, Geruchs, einer Speise, eines personifizierten Fürbittegebetes, besonders aber die Heilungskräfte der Kunst wiederzuentdecken.

Die Kraft der Seele, durch Hoffnung, durch Barmherzigkeit und mittels Ehrfurcht vor dem Leben können wir am Erlebnis der Kunst beim Kranken erfahren. Auch die Unentbehrlichkeit des Leidens, des Krankseins, des Bösen und der „Negativerfahrung" zur Menschwerdung, des „Teufels als Teilhabe am Göttlichen" gilt es wiederzuentdecken. Man könnte nicht die Krankheiten völlig ausrotten, ohne daß eine absolute anhaltende Gesundheit und Bedürfnislosigkeit selbst zur Krankheitsursache wird. Man kann nicht alle Lebens- und Gesundheitsrisiken im sozialen Netz einer mißverstandenen überwuchernden Solidarität den Menschen nehmen, ohne daß dies durch Antriebsverlust, über Anspruchdenken, Frustverhalten u. a. zur Kulturvernichtung, sozialer Kräfteverarmung, zu neuen Krankheiten führt. Krankheit gehört zum Leben; Krankheiten können den Menschen zu neuen Erkenntnissen, Verhalten, zur Reifung führen. Der Schmerz ist ein Schrittmacher des Humanen.

Das Bekenntnis der Seele ist gefordert. Unser Menschenbild und unsere Krankheitslehre, die wir für unsere Zeit noch finden müssen, haben dieses zu bedenken.

Literatur

Baier H (1985) Die „Idee des Menschen" in der Medizin. In: Gross R

Gross R (1985) Geistige Grundlagen der Medizin. Springer, Berlin Heidelberg New York

Eigen M (1985) Homunculus im Zeitalter der Biotechnologie – Physikochemische Grundlagen der Lebensvorgänge. In: Gross R

Klibansky R, Panofsky E, and Saxl F (1964) Saturn and Melancholy. Nelson

Kuhn TS (1978) Die Entstehung des Neuen: Studien zur Struktur der Wissenschaftsgeschichte. Herausgegeben von Lorenz Krüger. (Suhrkamp Taschenbuch Wissenschaft 236)

Levy-Strauss C (1964) Mythologica I – Das Rohe und das Gekochte. (Suhrkamp Taschenbuch 167) Frankfurt

Nieuwenhuys R (1985) Chemoarchitecture of the brain. Springer, Berlin Heidelberg New York Tokyo

Ott G (1979) Kunst im Krankenhaus – Humanität im Krankenhaus. Wienand, Köln

Ott G (1986) Heilungskraft der Seele. In: Smerling W, Weiss E (Hrsg) Mit anderem Blick. Heilungswirkung der Kunst heute. Du Mont, Köln

Ott G (1987) Ikonotherapie. In: Musik und Medizin (im Druck) Springer, Berlin Heidelberg New York Tokyo

Popper KR, Eccles CJ (1982) Das Ich und sein Gehirn. Piper, München

Rössler D (1985) Geistige Grundlagen der Ethik in der Medizin. In: Gross R (1985)

Siefert H (1973) Der hippokratische Eid – und wir? Karl-Ernst Kohlhauer: Feuchtwangen

Wittkower R and M (1963) Born under Saturn. Weidenfeld und Nicolson, London

Zimmer H (1973) Philosophie und Religion Indiens. (Suhrkamp Taschenbuch 26) Frankfurt

Forschen und Helfen als Normenkonflikt in der Medizin

Möglichkeiten und Grenzen einer ethischen Lösung

E. Ströker

Daß die Menschen 'von Natur aus' nach Wissen streben, ist eine uralte Einsicht. Aristoteles hat sie an den Anfang seiner Metaphysik gestellt. Daß wir Menschen nicht weniger von Natur aus Hilfe erstreben und insbesondere für die Anfälligkeiten unseres gebrechlichen Körpers wie unserer störbaren Seele, ist wohl niemals eigens herausgestellt worden. So groß und so elementar scheint denn auch die Selbstverständlichkeit des Wunsches, gesund und unversehrt zu sein, daß sie ausdrücklicher Feststellung ebensowenig bedarf wie die Legitimation derer, die sich um Linderung von Leiden und Heilung von Krankheiten bemühen.

Daß diese, um 'Heilkundige' zu werden, natürlich vielfältigen Wissens bedürfen, hat lange Zeit ebenfalls den Rang einer Trivialität gehabt. Kritisches Nachdenken schien dieser Tatbestand jedenfalls solange nicht zu erfordern, wie die systematische und methodisch geordnete Suche nach Erkenntnis, die seit der klassisch-griechischen Antike den Namen 'Wissenschaft' führt, auch dem ärztlichen Tun fraglos zugute kam – sei es, daß wissenschaftliche Resultate medizinisch verwendbar wurden; sei es, daß ärztliches Erfahrungswissen seinerseits die wissenschaftliche Erkenntnis bereicherte. So hat, wie die Medizingeschichte im einzelnen lehrt, über viele Jahrhunderte ein fruchtbares und fortlaufend sich steigerndes, ständig aber auch komplexer werdendes Wechselspiel von wissenschaftlicher Theorie und medizinischer Praxis, von theoretischer Einsicht und ihrer kritisch erprobten Anwendung ein erkenntnisgeleitetes ärztliches Handeln möglich gemacht, welches sich der Mittel der Wissenschaft um so unbedenklicher bedienen und auch selber diese Mittel nach eigenen Kräften zu befördern trachten durfte, als damit unstrittig dem Fortschritt in der Bekämpfung von Krankheit und der Erhaltung der Gesundheit gedient wurde.

Daran schien sich auch mit der Entstehung der exakten Naturwissenschaft im 17. Jahrhundert und der in ihrem Gefolge aufkommenden neuzeitlichen Technik zunächst nichts grundsätzlich zu ändern. Auch stellten sich medizinethische Fragen, wie sie uns heute zunehmend bedrängen, solange nicht, wie sowohl die im Zeichen der Erkenntnis stehende reine Forschung als auch die Umsetzung ihrer Resultate in technische und medizinische Praxis ethischen Grundprinzipien von unbestrittener Allgemeingeltung sich einfügten. Zwar hat die Entwicklung der Medizin von Anfang an und aus naheliegenden Gründen stets unter ethischen Normierungen gestanden, wie schon die Bindung des Arztes an den Hippokratischen Eid zeigt. Doch sind spezifische Probleme einer

Medizinethik erst in den letzten hundert Jahren entstanden; und nicht nur beiläufig hat diese sich inzwischen zu einer eigenen medizinischen Disziplin formiert.[1]

Seit gut zwei Jahrzehnten läßt sich nun eine tiefgreifende Veränderung beobachten, die zunehmend auch in das Bewußtsein der Öffentlichkeit eindringt. Die vielzitierte 'Legitimationskrise' wird nicht nur für die Wissenschaft allgemein, sondern mit bemerkenswerter Virulenz auch für die medizinische Forschung diskutiert. Sie ist auch nicht bloß eine Krise der Medizin. Sie ist zugleich eine Krise der Ethik – jedenfalls eine Krise bislang sozial akzeptierter moralischer Normen, deren Geltung mehr und mehr strittig zu werden scheint. Darauf soll jedoch in diesen Überlegungen nicht näher eingegangen werden. Sie sind vielmehr nur dazu gedacht, einen bestimmten, fundamentalen Normenkonflikt in der Medizin aufzugreifen. Er ist keineswegs erst ein Konflikt unserer Tage, sondern in der Entstehung der neuzeitlichen Wissenschaft von allem Anfang an strukturell angelegt gewesen. Er ist allerdings erst gegenwärtig in voller und zuvor so nie geahnter Schärfe aufgebrochen, da er durch die ebenso rasante wie irreversible Entwicklung von Wissenschaft und Technik und die heute allenthalben sichtbar werdende Ambivalenz ihrer Folgen bedingt ist. Es hieße den Ernst dieses Konflikts leichtfertig verkennen, wollte man ihn auf die Schwierigkeiten hinunterspielen, mit denen wir ohnehin im technischen Zeitalter leben müssen und mit denen wir auf die eine oder andere Weise doch wenigstens eines Tages fertig zu werden hoffen können. Es soll deshalb zunächst dieser Konflikt in seiner Struktur etwas näher betrachtet werden.

Soweit dieser Konflikt auf den Gegensatz zweier verschiedener Grundeinstellungen – des wissenschaftlichen Forschens einerseits, des ärztlichen Helfens andererseits – zurückführbar ist, beruht er bereits als solcher auf zwei unterschiedlichen Normierungen des jeweiligen Berufsethos. Ein ethisches Konfliktpotential im strengen Sinn entsteht daraus heutzutage jedoch erst in dem Maße und Grade, wie die Forschung, auch und gerade die medizinische Forschung, nach Quantität, Qualität und Beschleunigung ganz unvergleichlich mit früheren Stadien ihrer Entwicklung verläuft und dabei dennoch unabdingbar an den Menschen zurückgebunden bleibt, der als dieser – und als Homo patiens zumal – wesentlich unveränderlich ist.

[1] Dazu erstmals systematisch A. Moll, Ärztliche Ethik, Stuttgart 1902. Vgl. ferner u.a. H. Schäfer, Die Medizin heute. Theorie, Forschung, Lehre, München 1963; D. Rössler, Der Arzt zwischen Technik und Humanität, München 1977; R. Gross et al. (Hrsg.), Ärztliche Ethik, Stuttgart-New York 1978; R. M. Veach, A Theory of Medical Ethics, New York 1981; F. Böckle, Zur Ethik des medizinischen Fortschritts aus der Sicht der Theologie, in: W. Doerr, W. Jacob, A. Laufs (Hrsg.), Recht und Ethik in der Medizin, Berlin-Heidelberg-New York 1982; S. 25–38; ferner: Verantwortung und Ethik in der Wissenschaft, Max-Planck Gesellschaft, Berichte und Mitteilungen 3, 1984, Teil I: Verantwortung in der Medizin, S. 19–80.

Für die nähere Erörterung des strukturellen Gegensatzes zwischen Forschen und Helfen sei an einen generellen Tatbestand der wissenschaftlichen Forschung angeknüpft. Er verdient, obwohl gemeinhin bekannt, hier hervorgehoben zu werden, da er dem ärztlichen Handeln von Haus aus fremd ist.

Für die Wissenschaft ist eine Weise der Beziehung zwischen Subjekt und Objekt konstitutiv, die eine pure Erkenntnisbeziehung ist und methodisch so durchgebildet, daß sie dem alleinigen Ziel der Wissenschaft dient: der Suche nach Wahrheit. Für das, was ist und wie es ist, geht es der Wissenschaft einzig um den Erwerb intersubjektiv prüfbarer, prinzipiell von jedermann und jederzeit identifizierbarer und insofern allgemeingültiger Erkenntnis. Die Wissenschaft regelt die Verfolgung dieses Ziels in einem Kanon methodischer Normen, denen allen voran die säuberliche Scheidung von Forscher und zu Erforschendem, die kategoriale Trennung von Forschungssubjekt und Forschungsobjekt steht.

Für das Forschungsobjekt wird ein methodisch-instrumentelles Arrangement dergestalt postuliert, daß erstens ein Experiment so angelegt wird, daß es *reproduzierbar* ist, damit der fragliche Gegenstand in seinen generellen Eigenschaften und Relationen erkannt werden kann; daß zweitens die Versuchsbedingungen planmäßig variiert werden, damit die wesentlichen Faktoren des Untersuchungsgegenstandes *isoliert* und etwaige Abhängigkeiten voneinander oder von anderen Faktoren erforscht werden können und auf diese Weise das Forschungsobjekt distinkt erfaßt wird.

Die Forderung der Reproduzierbarkeit wissenschaftlicher Resultate impliziert nun auf der Seite des Forschungssubjekts die methodische Norm seiner prinzipiellen Ersetzbarkeit und Austauschbarkeit. Das bedeutet füglich nicht, daß im faktischen Forschungsprozeß jeder an die Stelle eines jeden treten könnte, sondern bedeutet, daß im Rahmen einer bestimmten Aufgabenstellung jeder, der mit der gleichen fachlichen Qualifikation wie die anderen ausgerüstet ist, statt eines dieser anderen tätig zu werden und das anstehende Forschungsprojekt nahtlos fortzuführen in der Lage ist.

„Wissenschaft ist unpersönlich". Dieser Satz, nicht nur einmal von großen Forschern ausgesprochen, ist unwiderlegt auch durch die Forschungspraxis, obgleich sie ihm gewiß nicht allenthalben entspricht. Denn er gibt nicht eine Erfahrungstatsache über das wissenschaftliche Procedere wieder, sondern er bringt die leitende Maxime zum Ausdruck, deren Beachtung dieses Procedere im Sinne des Fortschritts der Wissenschaft allein und auf Dauer garantiert. Und was gemeinhin als der 'Geist der Wissenschaft' apostrophiert wird, das ist letzthin nichts anderes als dieses Ethos der Sachlichkeit und Sachbezogenheit, der methodisch streng geregelten und gezügelten Hingabe an ein Forschungsobjekt; ein Ethos, das in solcher Ausschließlichkeit der Sachzuwendung einzig sich nährt aus dem Drang des Wissenwollens, der rastlosen Neugier, wie die Welt und wie der Mensch in ihr beschaffen sei, und die einzig im Erkennen gestillt wird – vorübergehend, weil alsbald neue Fragen aufbrechen, in neue Zukunftshorizonte der Forschung weisend. Denn der offen-endlose Fortschritt ist das Gesetz, nach dem die Wissenschaft angetreten ist – einmal am Beginn unserer westlich-europäischen Kultur, und dieses Einmal ist ihr zum Einfürallemal geworden.

Man mag einwenden, daß dies ein idealistisch überhöhtes Bild wissenschaftlicher Forschung sei, indessen es in den Niederungen ihres faktischen Treibens doch um einiges anders zuginge. So sehr dies letztere fraglos zutrifft, so wenig vermag jedoch die Wirklichkeit des Forschungsalltags auszurichten gegen jenes angedeutete Gefüge wissenschaftsimmanenter Normen, unter denen die Forschung seit je stand und weiterhin steht. Wenn wir heute freilich auch ihre Fragwürdigkeiten kennen und schwerwiegende Einwände haben, die sich angesichts ihrer Auswirkungen und Folgelasten ergeben, so hat das seinen Grund jedoch nicht darin, daß jenes Ethos der Forschung seine verbindliche Kraft verloren hätte, im Gegenteil. Aus ihm lebt die Forschung nach wie vor; und sie braucht seine Bejahung, wenn es sie auch weiterhin soll geben können.

Anders dagegen das Normengefüge des genuin ärztlichen Tuns. Der Heilauftrag des Arztes, wie immer er sich unter der Ägide moderner Forschung erweitert hat und sich künftig noch erweitern mag, ist wesentlich nicht Forschungsauftrag. Daß der Arzt seine Anordnungen treffen soll „zu Nutz und Frommen des Kranken", wie es ihm der Eid aus dem Corpus Hippocraticum auch heute noch zur Pflicht macht, bedeutet auch und gerade im Zeitalter der nötig gewordenen Deklarationen von Tokio und Helsinki doch keineswegs auch „zu Nutz und Frommen der Wissenschaft".

Allerdings sieht auch die alte Eidesformel bereits vor, daß der Arzt nach seinem „besten Vermögen und Urteil" handeln soll. Welches aber wäre sein bestes Urteil, wenn nicht das wissenschaftlich am besten fundierte? Welche Mittel und Wege sind indessen nötig, es zu erlangen? Liegt nicht eben hier eine fundamentale und allem Anschein nach unüberwindliche Kalamität der Medizin? –

Ist die Medizin zum einen Wissenschaft und Forschung, zum anderen helfendes und heilendes Tun, so untersteht sie offenkundig zwei grundverschiedenen Normierungen: Auf der einen Seite steht ein anonymisiertes, funktionell austauschbares Subjekt einem Objekt in reiner Erkenntnisbeziehung gegenüber; auf der anderen Seite begegnet ein ärztliches Subjekt – und nicht als irgendeines, sondern als diese bestimmte ärztliche Persönlichkeit – einem Patienten als dem 'seinen', der selbst in allen ihn partiell verobjektivierenden ärztlichen Maßnahmen doch niemals auf ein Objekt theoretischen Interesses reduzierbar ist.

Geht es ferner in der wissenschaftlichen Forschung um ein methodisch streng reglementiertes Erkennen durch maximales Isolieren, Differenzieren, Reproduzieren, Generalisieren, so im ärztlichen Tun dagegen um ein Explorieren, Diagnostizieren, Therapieren, das mir und nur mir als diesem unauswechselbaren personalen Individuum gilt. Denn mögen die Ursachen meines Leidens als noch so vielfach vorkommend, meine Symptome als noch so weit verbreitet erkannt sein; es ist nicht dieser Umstand, der mich ärztliche Hilfe begehren läßt, sowenig auch mir diese Hilfe dadurch wirksam zuteil würde, daß der Arzt mich zum bloßen 'Fall' einer Krankheit degradierte. Der gute Arzt – und nicht zuletzt dieses macht ihn zum guten, zu 'meinem' Arzt, dem ich mein Vertrauen entgegenbringe – nimmt sich meines Übels denn auch ausschließlich als des meinen an, nicht aber zugleich als eines Übels zahlloser anderer. Selbst bei einer bloßen 'Fall'-Konstellation der diagnostischen Befunde und im durchaus zulässigen, ja nicht selten sogar gebotenen Routineverfahren nach einer standardisierten Therapie erfaßt und behandelt er mein Leiden nicht in Akten wissenschaftlichen Erkennens, sondern – obzwar nicht ohne solche Akte – doch wesentlich auch durch das, was in der vielberufenen ärztlichen „Intuition", im ärztlich erfahrenen „Blick" methodologischer Analyse ebenso schwer zugänglich wie unverzichtbar ist. So auch 'sieht' der Arzt meine Beeinträchtigung als Vorkommnis meiner Lebenssituation hier und jetzt, versteht sie außerdem als Moment meiner personalen, unaustauschbaren Lebensgeschichte.

Die Handlungsmaximen des Arztes sind mithin andere als die des Forschers. Zwischen der wissenschaftskonstitutiven Neugier zur Beförderung endlos fortschreitenden Wachstums eines allgemeingültigen und allgemein verfügbaren, entpersönlichten Sachwissens und dem Tun des Artzes zur Wiederherstellung beschädigten Lebens in seiner personalen Einmaligkeit, jetzt, in dieser seiner Lebensstunde, in der es Hilfe braucht, klafft ein Hiatus zweier beruflicher Grundhaltungen. Er ist in der Tat unüberbrückbar, weil auf beiden Seiten nicht bloß Unterschiedliches, sondern Gegensätzliches gefordert, weil mit beidem letzthin Unvereinbares zu leisten wäre.

Wieder kann sich Skepsis regen: Wurde hier nicht eine bloße Differenz, so zweifellos sie auch besteht, zu einem unversöhnlichen Gegensatz stilisiert? Zumindest scheint ein solcher in jeweils konkret gegebener Situation gar nicht vorzuliegen, da er sich doch de facto auf zwei ganz verschiedene berufliche Orientierungen bezieht. Demnach würde er den ausschließlich praktizierenden Arzt wie auch den allein in der Forschung tätigen Mediziner ohnehin kaum betreffen, den beides vermittelnden forschenden Kliniker aber wohl gerade soweit, daß er lediglich mit Sorgfalt zu realisieren hätte, was er am Krankenbett und in der Sprechstunde seinen Patienten schuldet und was dagegen im Forschungslabor seines Amtes ist. Hier aber wirke er – so kann man es nicht selten hören – nicht an *Kranken*, sondern an *Krankheiten*, um zu ihrer allgemeinen Aufklärung und Bekämpfung beizutragen.

Kranke wären demnach – schon unsere Umgangssprache macht sich hier verdächtig – Menschen, die von einer Krankheit 'befallen' wurden; und um sie von ihr zu 'befreien' und möglichst zu sorgen, daß sie sie wieder 'loswerden', löst dann der medizinische Wissenschaftler offenbar die Krankheit erst einmal gedanklich vom kranken Menschen ab, abstrahiert sie von ihm im buchstäblichen Sinn. Er rekonstruiert und konstruiert Bilder und Modelle von Krankheiten, um diese dann in purer Allgemeinheit zu erforschen wie sonst die Wissenschaftler ihre Forschungsobjekte auch. Wo also sollten hier Konflikte lauern?

In der in Rede stehenden Meinung ist nun im wesentlichen unterstellt, daß die ärztliche Behandlung Kranker und die medizinisch-wissenschaftliche Erforschung von Krankheit zwei disparate und reinlich zu sondernde Dinge seien, so daß sie Konfliktstoff gar nicht bieten würden. Der Irrtum liegt indessen auf der Hand, und wollte man ihn, und sei es auch nur um einer fragwürdigen Schutzbehauptung willen, perpetuieren, es wäre von ihm nicht weniger als der forschende Arzt auch der reine Forscher in der Medizin auf der einen wie der ausschließlich praktizierende Arzt auf der anderen Seite betroffen. Denn dabei wird mit einer Art von Verdinglichung der Krankheit argumentiert, die nicht nur kategorial fehlerhaft, sondern die auch der Beziehung des Kranken zu seiner Krankheit abträglich ist.[2]

Krankheit ist dagegen nicht etwas, das geradewegs vom kranken Menschen ablösbar ist, in wissenschaftlicher Generalität erforscht und in der mittels der Forschung gewonnenen Diagnose dem Kranken gleichsam wieder appliziert werden könnte, um dann an ihm, nach entsprechend gewonnenen Therapieeinsichten, bekämpft und im glücklichen Fall ihm 'ausgetrieben' zu werden. Was zur medizinischen Forschung ansteht, mögen Krankheitserreger im weitesten Sinne, Krankheitsursachen und bestimmte allgemeine kausale und funktionale Zusammenhänge sowie gewisse Methoden ihrer Bekämpfung sein, erkannt und überprüft an Krankheitsmodellen, sofern und soweit diese überhaupt hinreichend effektiv konstruierbar sind. Nicht aber geht es in solcher Forschung um Krankheit und Heilung. Beides kommt an ihren Krankheitsmodellen schlechterdings nicht vor. Es sind Ereignisse in einem personalen, irreversiblen Lebensverlauf; und der auf sie einwirkende Arzt greift so oder so ebenso unauslöschbar verändernd wie grundsätzlich unreproduzierbar in ihn ein.

Das mag in der Mehrzahl der undramatischen Fälle sowohl dem Arzt als auch dem Patienten relativ unauffällig bleiben. In ihnen handelt der Arzt mit allgemein verfügbaren und hinreichend bewährten Mitteln, und diese allgemeine Bewährung sichert ihm fraglos die Forschung. Entscheidend aber ist, daß auch die Forschung in der Medizin ihre Resultate nur im Handeln am Menschen und mit ihm erzielen kann. Sein Anteil für die medizinische Forschung ist unverzichtbar.

Aus dieser wechselseitigen Angewiesenheit resultieren Problemlagen für die Forschung wie für die Kranken, die in dem Maße schwerwiegender werden, wie die medizinische Forschung am endlos fortschreitenden Wandel von Wissenschaft und Technik teilhat, indessen der Mensch nicht fortschreitet. Als Leidender zumal, mit seinen Schmerzen und Qualen, Nöten und Ängsten, in der begrenzten Spanne seines Lebens zwischen Geburt und Tod, bleibt er wesentlich sich gleich. Die medizinische Forschung, die weiter und weiter sich entwikkelt, jedoch nicht bloß in ihrer Anwendung, sondern schon in jedem Schritt ih-

---

[2] Zu Kranken und Krankheit, K. E. Rothschuh (Hrsg.), Was ist Krankheit? Erscheinung, Erklärung, Sinngebung, Darmstadt 1975; E. Margolis, The Concept of Disease, Journal of Medicine and Philosophy 1, 1976, S. 238–255; H. Schipperges, E. Seidler, P. Unschuld (Hrsg.), Krankheit, Heilkunst, Heilung, Freiburg-München 1978.

rer Entwicklung auf den Menschen rückbezogen bleibt, muß dieser fundamentalen und unverrückbaren Conditio humana Rechnung tragen.

Auch dieser Tatbestand trägt wesentlich dazu bei, daß in der Medizin nicht nur Forschen und Helfen, sondern auch und vor allem Forschensollen und Helfensollen strukturell unter konfligierende Normen geraten. Forschen zu müssen aber, um optimal helfen zu können, ist die nicht aussetzbare Situation derer, die auf der Basis jenes Normenkonflikts ihrem Heilauftrag gemäß Handlungsentscheidungen zu treffen haben. Ein fundamentaler und letztlich unlösbarer struktureller Konflikt der medizinischen Wissenschaft muß und kann mithin nur ethisch – und in gewissen Hinsichten allenfalls rechtlich – ausgetragen werden.[3]

Die hier auftretenden Probleme können vergleichsweise geringfügig erscheinen in Situationen, in denen der Arzt nach erfahrungsgemäß bewährtem Vorgehen diagnostische Befunde seines Patienten erhebt und auswertet, eine etablierte Therapie durchführt und dabei ausschließlich im Interesse seines Patienten handelt.

Neben diesen ältesten Typus ärztlichen Handelns hat nun die moderne wissenschaftliche Medizin zwei andere Handlungsformen gestellt, welche durch die Rechtsmedizin als *Heilversuch* und als *Humanexperiment* terminologisch fixiert worden sind. Wie weit diese Typisierung trägt, muß dem Expertenurteil überlassen bleiben. Man wird sie aber insofern gutheißen können, als in den beiden letztgenannten Fällen medizinisches Handeln nach Mittel und Zweck jedenfalls von der ärztlichen Behandlung im geläufigen Sinne abgehoben wird und als dies ferner in unterschiedlicher Weise vor allem im Bezug auf den Patienten geschieht.[4]

Der *Heilversuch* wird demnach als eine kontinuierliche Weiterentwicklung jenes älteren Behandlungstypus insofern verstanden, als darin der Arzt ein schon bekanntes Behandlungsverfahren zu modifizieren oder ein besseres neues zu entwickeln versucht, und dies vornehmlich, um einem bestimmten Patienten hier und jetzt in seiner Krankheit zu helfen. Dabei mag aber auch der Blick auf künftige Kranke mit gleichem oder ähnlichem Leiden gerichtet sein.

Unterschiedlich veranlaßt – sei es durch eine konkrete Behandlungssituation, sei es durch eine klinische Zufallsbeobachtung oder auch durch die Anwendung eines wissenschaftlichen Konzepts – hat der so verstandene Heilver-

---

[3] Die moderne Medizin hat nicht zufällig eine zunehmende Juridifizierung notwendig gemacht und auch die Diskussion um Recht und Ethik neu entfacht. Neben vielen Arbeiten speziell zur Rechtsmedizin vor allem W. Doerr, W. Jacob, A. Laufs (Hrsg.), Recht und Ethik in der Medizin, a. a. O.

[4] Dazu P. Schölmerich, Zur ethischen Problematik des therapeutischen Fortschritts in: Forschung und Verantwortung, Mainz 1985, S. 53–74, sowie speziell aus der Sicht der Psychiatrie H. Helmchen, Verantwortung und Ethik in der Therapie-Forschung am Beispiel der Psychiatrie, ibid. S. 53–74. Zu beiden Beiträgen sowie ihrer Diskussion im größeren Fachkreise s. a. Verantwortung und Ethik in der Wissenschaft, Max Planck Gesellschaft, a. a. O.

such eine außerordentliche Variationsbreite und kann über viele Zwischenstufen gespannt sein. Vom modifizierten Behandlungsversuch mit einer Abwandlung einer standardisierten Behandlung, die jedoch bisheriger ärztlicher Erfahrung nahe bleibt, reicht die Skala am anderen Ende bis hin zur innovativen Versuchsbehandlung, die bezeichnenderweise auch „Forschungsbehandlung" genannt wird, da in ihr sich der Arzt zur erstmaligen Verwendung neuer diagnostischer oder therapeutischer Mittel entschließt. So grenzt der Heilversuch auf der einen Seite an herkömmliche ärztliche Vorkehrungen an; auf der anderen Seite gleitet er ins Humanexperiment über, und seine Grenzen sind nach beiden Seiten fließend.

Dagegen dient das *Humanexperiment* ausschließlich der Forschung. Im Rahmen einer wissenschaftlichen Fragestellung wird es arrangiert, nach rein wissenschaftlichen Verfahren wird es durchgeführt, und von seinem Ergebnis wird erwartet, daß es, nach ebenfalls wissenschaftlich kontrollierter Erprobung, künftigem ärztlichem Handeln zugute kommen kann. Anders als die herkömmliche ärztliche Behandlung und anders auch als der Heilversuch ist es nicht dazu gedacht, Leidenden unmittelbar zu helfen; und die an ihm Beteiligten, Gesunde oder Kranke, können hier mit einem Interesse an ihnen persönlich nicht rechnen.

Diese Klassifizierung medizinischen Handelns mag trotz zwangsläufig fehlender begrifflicher Distinktion hilfreich sein, auch die ethischen Probleme der Medizin zu ordnen und zu systematisieren. Sie in ihrer Vielfalt aufzunehmen, ist hier nicht der Ort.[5] So sei der Blick vornehmlich auf jenen Zwischenbereich zwischen Heilbehandlung und Humanexperiment gelenkt, der im Heilversuch gerade in seinem breiten Spektrum an ärztlichen Maßnahmen mit fließenden Übergängen derjenige Bereich sein dürfte, in dem der Normenkonflikt zwischen Forschen und Helfen am deutlichsten zum Tragen kommt.

Selbstverständlich ist nicht zu verkennen, daß auch dazu die mittlerweile weltweit etablierte Medizinethik vieles und Nötiges gesagt hat. Daß durch sie ein ethisches Problembewußtsein geschärft und wachgehalten wird, kann der außerhalb ihrer Arbeit Stehende nur mit Respekt zur Kenntnis nehmen, und auch die Philosophie muß redlicherweise sich scheuen, in die heutzutage so lebhaft geführte Diskussion um konkrete Handlungs- und Verhaltensmaximen des Mediziners mit eigenem ethischen Urteil einzugreifen – gehe es dabei etwa um so grundsätzliche Fragen wie die Würde des kranken Menschen, die Achtung seiner Selbstbestimmung; um die moralische Vertretbarkeit oder gar Notwendigkeit ärztlichen Tuns und Lassens bei momentaner oder dauernd einge-

---

[5] Die Problematik des Humanexperiments ist vornehmlich unter dem Aspekt der Arzneimittelforschung vielfach bereits zum Gegenstand medizinischer und ethischer Erörterungen geworden. Dazu besonders H. Jonas, Philosophical Reflections on Experimenting with Human Subjects, Daedalus 98, 1969, S. 219–247, deutsche Fassung in: H. Jonas, Technik, Medizin und Ethik. Zur Praxis des Prinzips Verantwortung, Frankfurt 1985, S. 109–145; ferner H. Lenk (Hrsg.), Humane Experimente? Ethik der Wissenschaften Band 3, hrsg. v. H. Lenk, H. Staudinger, E. Ströker, Paderborn 1985.

schränkter Entscheidungsfähigkeit des Patienten; gehe es um das Problem der Patientenaufklärung oder auch deren Einschränkung und gar Unterlassung; um die zumeist außerordentlich schwierige Frage einer Abwägung von Nutzen und Risiko einer Behandlung in ihrer vielfältigen Konditionierung; oder gehe es um speziellere Fragen wie beispielsweise die von Blindverfahren und Placeboversuchen und viele andere mehr.

Hier kann ohne die nötige Sachkompetenz, das erforderliche Expertenwissen, eine reiche, sachkundige ärztliche und klinische Erfahrung in der ethischen Beurteilung medizinischen Handelns niemand ernsthaft mitreden wollen – wie es denn unsere heutige Lage allgemein ausmacht, daß schwerwiegendste und neuartige ethische Probleme aufkommen, die nicht allein eine besondere Sensibilisierung des Verantwortungsbewußtseins, sondern auch speziellen Sachverstand in bisher nie gefordertem Ausmaß verlangen. Andererseits ist jedoch eben dieser Sachverstand, geballt und gebündelt in der wissenschaftlichen Forschung, mittlerweile in einer Weise effizient geworden, die bereits von einem Übermaß des Wissens, einer Übereffizienz seiner technischen Auswirkungen sprechen läßt, sofern die Folgen dieser Entwicklung jedes menschliche Maß an Überschaubarkeit zu überschreiten drohen und selbst von den Fachspezialisten nicht mehr zureichend beherrschbar erscheinen.

Das aber fordert Überlegungen heraus, zu denen auch die philosophische Ethik aufgerufen ist. An sie richtet sich nun nicht selten die Erwartung, sie könne für diffizile neuartige Entscheidungssituationen, in denen die zum ärztlichen Handeln Genötigten von Zweifel und Ratlosigkeit – und gewiß nicht aus persönlichem Ungenügen – befallen werden, einem ethischen Normendefizit abhelfen und sie könne insbesondere für ein Handeln in ärztlichen Grenzsituationen Richtlinien, wenn nicht selber bieten, so doch erarbeiten helfen. Die Philosophie kann solche Erwartungen um so weniger übergehen, als ihr damit selber Aufgaben zur ethischen Prinzipiendiskussion, Normenfindung und Normenbegründung allgemeiner Art zugedacht werden. In ihnen bleibt aber auch die Frage nicht unberührt, ob es überhaupt spezifisch medizinethische oder ob es nur allgemein ethische Sollensforderungen gibt und geben kann; ob, mit anderen Worten, der Mediziner nur besonders häufig und in besonders dramatischen Situationen vor ethischen Problemen und Konflikten steht, oder ob diese ethisch spezifische Probleme und Konflikte der Medizin sind. Hier muß die Philosophie allemal gestehen, daß ihr noch eine Menge an offenen Fragen aufzuarbeiten bleibt.

Auch kann sich die Philosophie hier nicht mit dem Argument zurückziehen, es seien ethische Normen viel zu allgemein, um konkret gegebene Einzelsituationen moralisch zu regeln. Zwar gilt, daß dergleichen Normen dem Augenblick des Handelns um so ferner stehen und auch weniger aussagekräftig sind, je allgemeiner sie sind, wogegen sie bei zunehmender Spezifität die Gefahr bringen, Entscheidungsspielräume einzuengen, die Freiheit des Handelnden und die Mündigkeit des von ihm Betroffenen zu schmälern. Das besagt unter anderem, daß auch Normenkataloge, ethische Kasuistiken, ihr Unzulängliches haben. Dies alles gilt indes nicht nur für die philosophische, sondern für alle Ethik. Eine unmittelbare Weisung für jede einzelne situativ richtige Entscheidung anstreben zu wollen, würde also nicht nur einer Selbstverzerrung der Ethik, sondern auch der Verstümmelung der Selbstverantwortlichkeit und Freiheit der sittlichen Person gleichkommen.

Muß es demnach dabei bleiben, daß in jedem Augenblick auch für den Mediziner nicht anders als bisher, nämlich 'nach bestem Wissen und Gewissen' zu handeln ist?

Unstrittig ist das Gewissen die letzthin verantwortliche und auch von keiner philosophischen Ethik, heiße sie nun Gesinnungsethik, Pflicht-, Vertrags- oder Verantwortungsethik, mehr hintergehbare individuelle Instanz in jedem moralischen Subjekt. Doch muß jener vielgehörten Wendung, soll sie in der Häufigkeit ihres Gebrauchs nicht ohnehin Gefahr laufen, zur gedankenarmen Rechtfertigungsformel zu erstarren, insbesondere da neue und schwerwiegende Bedeutung zuwachsen, wo Gewissen an ein Wissen gebunden ist, welches Wissen unter den Bedingungen moderner, entpersönlichter Forschung zwecks fortwährenden Erkenntnisgewinns ist und zugleich im Dienst personalen, helfenden Handelns steht. Worüber hat demnach aber Gewissen hier letzthin zu wachen?

Dazu sei hier abschließend eine Frage zu bedenken gegeben, die in der heutigen Ethikdiskussion eine zumindest unkonventionelle, wenn nicht gar bereits einseitig entschiedene Alternative aufgreift: die Frage nämlich, ob wir tatsächlich heute neue, andere ethische Grundsätze, Normen, Gebote als bisher brauchen; oder ob es nicht zunächst und vor allem einer konsequenteren und insofern 'neuen' Anwendung unserer überkommenen Ethik, ihrer kräftigeren Bejahung und entschiedeneren Praktizierung als bisher – und zwar durch jeden einzelnen und nicht durch jenes Abstraktum 'Öffentlichkeit' oder gar 'Gesellschaft', durch das sich der Einzelne gern entlastet – bedarf. Dabei mag die Frage auf sich beruhen, ob die Lautstärke, mit der gegenwärtig der Ruf nach einer 'neuen' Ethik erhoben wird, nicht auch einiges an Gedankenlosigkeit übertönt oder gar weithin bloßem Novitätsbedürfnis entspricht. Dem scheint allerdings der auch von seriöser Seite beklagte Mangel an heute zureichenden Normen wie auch die pluralistische Aufweichung moralischer Grundeinstellungen im individuellen wie im gesellschaftlichen Bewußtsein entgegenzustehen.

Wer indes genauer hinsieht, kann feststellen, daß an Wertvorstellungen, Normen, Sollensforderungen Mangel gar nicht herrscht, im Gegenteil. Nur allzu häufig wird übersehen, daß in Krisenlagen gerade nicht ein Normendefizit vorliegt, als müsse die Frage, was denn geschehen solle, jetzt und hier, zu betretenem Schweigen führen. Viel eher herrscht dann Irritation in der Beurteilung der jeweils zu befolgenden Normen; und das beanstandete Defizit liegt nicht in diesen, sondern in unserer moralischen Urteilskraft. Denn jeder Situation ist eigentümlich – und einer komplizierteren um so mehr, daß in ihr nicht nur eine Fülle von Normen zu Gebote stehen, die leicht verdeckt und unerkannt bleiben, sondern daß ihr Normen auch als schon praktizierte gleichsam inhärent sind, die durch ihre Voraus-Praktizierung sie längst mitfiguriert haben, die dann aber gern als ethisch neutrale Tatbestände in Erscheinung treten, als seien sie nichts als diese und bloß festzustellen und hinzunehmen.

Nicht selten sind es solche inhärente Normierungen einer Situation, die in der Maske von Sachverhalten, und scheinbar unveränderlichen, auftreten. Sie erschweren dann aber nicht nur die Antwort auf die Frage, was im gegebenen Fall zu tun oder zu lassen sei und lassen sie vielleicht sogar ins Flüchtige oder Leichtfertige geraten; sie bringen auch die Gefahr einer buchstäblich von Grund auf falschen Orientierung für die Suche nach dem Gebotenen, Zulässigen oder Erlaubten. Der Grund dafür liegt dann also nicht in einem vermeintlichen Fehlbestand an verbindlichen Normen oder ihrer Geltungsschwäche, noch liegt er in einer moralischen Oberflächlichkeit des Handelnden. Er liegt vielmehr in einem *Mangel an reflektiver Durchdringung* verborgener *ethischer Voraussetzungen.*

Diesem Mangel so weit wie möglich abzuhelfen, ist zuvörderst Sache der Philosophie. Die Explikation unausdrücklicher Normen, ihre reflektive Thematisierung ist nichts anderes als eine ihrer besonderen Aufgaben im Rahmen ihres Amtes der systematisch geübten und rational kontrollierten Reflexion. In seiner Ausübung dürfte heute die Philosophie, diesseits ihrer nie zur Ruhe kommenden prinzipientheoretischen Problematik ethischer Letztbegründungen, ihre wirksamste Hilfe in konkreten ethischen Problemsituationen bereitstellen können. Kritisch zu reflektieren, was gewöhnlich im Schlagschatten gegenstandsbezogenen Denkens bleibt, ins Licht bewußter Rechenschaftsablage zu rücken, was sonst den trügerischen Schein harmloser Selbstverständlichkeiten mit sich führt, bedeutet nicht zuletzt auch, strittige Dinge wortfähig zu halten, ihnen diejenige begriffliche Klarheit und Distinktion zu geben und zu erhalten, die für jede fruchtbare Erörterung gerade auch zur Lösung von praktischen Problemen unerläßlich ist. Insbesondere aber ist sie eine notwendige Bedingung dafür, daß die alte und immer wieder neu auf uns zukommende Frage Kants „Was soll ich tun?“ hier und jetzt ‘gewissenhaft’ entschieden werden kann.

Gewissenhaftes – wörtlich also, Gewissen tragendes – Wissen wäre demnach nicht nur ein Wissen von Geboten, Pflichten, Werten, *nach* denen entschieden und gehandelt werden soll, sondern auch und zuvor schon ein Wissen, *aufgrund* welcher bereits realisierter oder verletzter Normen eine bestimmte Entscheidungssituation präfiguriert ist.

Für den Mediziner, den praktizierenden wie den forschenden, bedeutet dies wohl oder übel eine noch größere Zumutung an seine kritische Reflexion und Selbstreflexion als an Angehörige anderer Professionen. Weniger noch als diese darf auch der Mediziner seine eigenen normativen Voraussetzungen im Status naiver Selbstverständlichkeit belassen. Die selbstkritische Rechenschaftsablage der eigenen ethischen Haltung und Einstellung ist gewiß nicht eine spezifisch medizinische, aber eine für den Mediziner besonders ernste Pflicht. Dieser Pflicht zum eigenen ethischen Ort, die im ganz unemphatischen Sinne eine Pflicht des Bekennens ist, kann er nicht entrinnen wollen, da sie Teil seiner unmittelbaren oder mittelbaren Mitverantwortung für andere ist – andere, die nicht beliebige andere, sondern Leidende, Kranke, Sterbende sind.

Diesem Gebot kritisch gegen sich selbst nachzukommen versuchen, heißt auch nicht bloß, zur Klärung und Strukturierung derjenigen Entscheidungssituation beitragen, in die der Arzt, direkt verantwortlich für seine Patienten, immer wieder gestellt ist. Es bedeutet letztlich auch für die medizinische Forschung einen Zuwachs an kritischer Wachsamkeit und wird zum Anlaß, gründlicher und besinnlicher als zuvor zu fragen, wofür diese Forschung künftig genutzt werden soll, ob ihr Zugewinn an Wissen und Erkenntnis wirklich auch zunehmend dem kranken und leidenden Menschen diene, oder ob ihr Fortschritt, weil er das Maß unserer ethischen Beherrschbarkeit vielleicht überschreitet, hier und dort nicht doch auch einen Preis an Unmenschlichkeit verlange. Fortschritt, davon wurde hier ausgegangen, ist zwar das Gesetz der Forschung. Über sein Tempo ist damit jedoch so wenig ausgemacht wie über sein Ziel. Und wo stünde geschrieben, daß jedes Wißbare gewußt, daß jedes Gewußte über den Menschen auch für den Menschen genutzt werden müsse und ihm zuträglich sei?

Forschen und Helfen werden die Eckpfeiler des medizinischen Handelns bleiben. Keine Ethik aber wird auf Dauer die Brücke über ihnen schließen können, ohne daß in ihren einzelnen Bögen immer wieder Risse sich zeigten. Ohne die Bürde der Freiheit eigener Entscheidung und der persönlichen Verantwortung im eigenen Tun vermag kein Mediziner sie zu schließen. Doch in dieser Bürde ist er jedem einzelnen von uns allen unterschiedslos gleich.[6]

---

[6] Dazu E. Ströker, Ich und die anderen. Zur Frage der Mitverantwortung, Frankfurt am Main 1984; vgl. a. dies., Inwiefern fordern moderne Wissenschaft und Technik die philosophische Ethik heraus? In: Man and World 19 (2) 1986, S. 212–239. Allgemeiner ferner E. Ströker (Hrsg.), Ethik der Wissenschaften? Ethik der Wissenschaften Band 1, a.a.O., 1983.

Der Elementargedanke in der Medizin

H. Schadewaldt

Als ich am 8. März 1986 den hier abgedruckten Vortrag auf dem Symposium „Menschenbild und Krankheitslehre“ hielt, dessen wissenschaftliches Ergebnis nunmehr im Druck vorgelegt wird, konnte ich die neueste Arbeit zu diesem Thema von Annemarie Fiedermutz-Laun in den „Berichten zur Wissenschaftsgeschichte“ noch nicht kennen, da dieses Heft erst im September 1986 erschienen ist. Der ein Jahr vorher in Münster gehaltene Vortrag war mir leider nicht bekannt. Frau Fiedermutz-Laun bewertet den Begründer der Lehre vom „Elementar- und Völkergedanken“ Adolf Bastian (1826–1905) wie manche anderen Ethnologen der 2. Hälfte des 20. Jahrhunderts als „epigonenhaft“ und seine Theorien als Nachwirkungen der „Volksgeistlehre“, so wie sie diese auf der anderen Seite als „Auswirkungen des Evolutionismus, als zeitgebunden“, betrachtet.

Abb. 1. Der Geheime Regierungsrat und Ehrenpräsident der „Berliner Gesellschaft für Anthropologie, Ethnologie und Urgeschichte“ sowie der „Gesellschaft für Erdkunde zu Berlin“ und ehemalige Direktor des Königlichen Museums für Völkerkunde Adolf Bastian (1826–1905) in seinen letzten Lebensjahren. Fotografie aus: Zschr. Ethnol. *37*, Gedächtnisheft für Adolf Bastian (1905), Tafel IV

Fiedermutz-Laun läßt freilich im weiteren Verlauf ihrer Betrachtungen Bastian und seinem Elementargedanken eine gewisse Gerechtigkeit widerfahren, indem sie Bastian als „klassischen Ethnologen in seiner Zeit des Historismus" akzeptiert, aber in den Schlußbetrachtungen davon ausgeht, daß Bastian „keine bahnbrechende wissenschaftliche Leistung" zuzuerkennen ist. Zwanzig Jahre vorher hatte noch Erich Friedrich Podach (1894–1967), der nach dem II. Weltkrieg sozusagen Bastian für die Medizingeschichte wiederentdeckte, die Auffassung vertreten:

„Von den unzähligen Ideen, die Bastian beseelten, überragt eine wissenschaftlich weitaus alle, das ist die Lehre von den „Elementargedanken", die bei allen Völkern und überall auftauchen, sich bis zu einem Grade voneinander unabhängig, selbständig entwickeln."

Als Bastian 1905 in Port of Spain gestorben war, feierte die gesamte deutsche anthropologische Wissenschaft in einer Gedenkveranstaltung Bastians Leben und Werk, und in dem von seinem Freunde und Nachfolger als Direktor des Völkerkundemuseums Karl von den Steinen (1855–1929) gehaltenen Nekrolog betonte der Trauerredner:

„Der Grundstein aller seiner Konstruktionen ist der Satz, daß jeder Völkergedanke wie ein echter Organismus wächst, er hat sich aufgebaut und wächst aus seinen Einheiten den „Elementargedanken". Was dem Botaniker die Zelle, dem Chemiker das Atom ist ... das sind dem Ethnologen die Elementargedanken",

und der Redner fuhr weiter fort:

„Die Elementargedanken passen sich an, genau so, wie sich das Zellenleben der leiblichen Organe den klimatischen Bedingungen anpaßt."

Ich selbst war das erste Mal auf diese, meiner Auffassung nach, außerordentlich wichtige Idee von den Elementargedanken von meinem Lehrer Paul Diepgen (1878–1976) aufmerksam gemacht worden, und ich hatte zum ersten Mal in einer Arbeit über die Initiationsriten im Jahre 1965 und dann noch einmal deutlicher in der Monographie „Der Medizinmann bei den Naturvölkern" 1968 auf die Bedeutung dieser Vorstellungen im Rahmen der Medizingeschichte und der Ethnomedizin aufmerksam gemacht. Zahlreiche Äußerungen aus ganz unterschiedlichen Kulturgebieten bestärkten mich in der Überzeugung, daß es an der Zeit war, Bastians Elementargedanken auch wieder in der Medizingeschichte zu neuem Leben zu erwecken.

Es ist zweifellos das Verdienst von Fiedermutz-Laun, die Beschäftigung mit dem Werk von Bastian wieder angeregt zu haben. Sie hatte 1970 bereits eine umfassende Studie vorgelegt und war durch den Aufsatz des Mainzer Medizinhistorikers Gunter Mann (geb. 1924): „Dilettant und Wissenschaft" zu einem Vortrag vor der „Gesellschaft für Wissenschaftsgeschichte" 1985 veranlaßt worden. In ihrer eingangs zitierten Arbeit findet man auch die wichtigste Literatur zu diesem Thema.

Tatsache bleibt jedoch, daß in den letzten Jahrzehnten des vorigen Jahrhunderts in Kreisen der jungen Ethnologie, die sich in erster Linie aus Ärzten und Naturforschern rekrutierte, die Thesen des ehemaligen Schiffsarztes Bastian, der 1886 zum Geheimrat und Direktor des neubegründeten, von ihm geschaffenen Museums für Völkerkunde in Berlin ernannt worden war, über die sog. „Elementargedanken" lebhaft diskutiert wurden. Bastian hatte als Schiffsarzt und später auf zahlreichen Forschungsreisen, die ihn in fast alle Teile der Welt führten, nicht nur das Material für das spätere berühmte Museum, das ein Opfer des Bombenkrieges im II. Weltkrieg wurde, zusammengetragen, sondern auch ganz neuartige Konzepte über gewisse archaische Denkprozesse der Menschheit entwickelt. Ebenso, wie etwa ein Lebensalter vorher Charles Darwin (1809 – 1882) auf einer Schiffsreise in den Jahren 1831 – 36 seine neue Lehre von der Selektionstheorie aufgestellt hatte, die nachher ja als „Darwinismus" die gesamte Welt erschüttern sollte, hatte auch Bastian, freilich in anderen Dimensionen als der englische Medizinstudent und Naturforscher denkend, eine neue Theorie für das archaische Denken aufgestellt.

Es war für mich 1964 sehr interessant, daß auch der damals gerade in Deutschland bekanntgewordene Dichter Eugène Ionesco (geb. 1912), sicherlich ohne die Gedankengänge Bastians zu kennen, ähnliche Vorstellungen entwikkelte:

„Da ich nicht alleine auf der Welt bin, da ein jeder von uns in seinem tiefsten Innern zugleich alle anderen verkörpert, sind meine Träume, meine Wünsche, meine Ängste nicht mein Eigentum; sie gehören zu einem von den Vorfahren überkommenen Erbe, sie sind ein uralter Schatz, auf den alle Menschen einen Anspruch haben."

Der Zufall wollte es, daß im gleichen Jahr in einer Hauszeitschrift der pharmazeutischen Industrie „Die Pille" in einem Kapitel über die Vampir- und Werwolfmythologie die Verwandlung eines Menschen durch Anlegen eines Wolfspelzes als „Methode" bezeichnet wurde, die „auf der ganzen Welt gleich sei, manchmal allerdings geschieht die Verwandlung ohne eigenen Willen."

Bei kulturell völlig unterschiedlichen Völkerschaften, die mit Sicherheit keinen Kontakt untereinander hatten, war Bastian eine Gleichmäßigkeit bestimmter Vorstellungen aufgefallen, die dann 1872 Darwin als Grundzüge des mimischen Ausdrucks bei allen Völkern und Rassen bestätigen konnte. Er differenzierte hiervon die Pantomime, die von Erziehung, Sitte und lokaler Situation abhängig sei. Schon in Bastians erstem Werk aus dem Jahre 1860 „Der Mensch in der Geschichte. Zur Begründung einer psychologischen Weltanschauung" hatte er diese neue These der gemeinsamen geistigen Grundlagen aller Menschen angesprochen und sie dann in seinem Buch aus dem Jahre 1868 „Das Beständige in den Menschenrassen und die Spielbreite ihrer Veränderlichkeit" deutlicher umschrieben. Bastian glaubte danach, daß unabhängig von sozialen, religiösen, philosophischen oder anderen kultischen Einflüssen sozusagen „autochton" in den verschiedenen Völkern und Rassen gleichartige Gedanken entwickelt werden, die den sog. einfachen Kulturbesitz der Menschheit ergeben würden. Darüber liege die Welt der Völkergedanken als Ergebnis der jeweiligen umweltlichen Einflüsse und durch historische Bedingungen geprägt, und in diesem Bereich akzeptierte er durchaus das, was er „Wanderstraßen" benannte und was man heute moderner als „Ideenansteckung" bezeichnen würde. Diese Theorie hat besonders nachdrücklich der verstorbene Münsteraner Medizinhistoriker Karl Eduard Rothschuh (1908–1984) vertreten. Der herrschende Positivismus jener Epoche und der folgenden Generationen, die sich einer anderen Auffassung von Völkerkunde unter dem steigenden Einfluß der „Rassentheorien" zuwandten, ließ dann Bastians Vorstellungen in den Hintergrund treten. Im Dritten Reich wurden seine Thesen, die verständlicherweise eine gemeinsame menschliche Urrasse annehmen mußten, völlig verworfen. Erst in der Zeit nach dem II. Weltkrieg sind da und dort die Vorstellungen von Bastian erneut diskutiert worden, nicht zuletzt unter dem Einfluß der Lehre von den Archetypen, in der geistigen Welt existierenden Urbildern oder Ideen, die in den philosophischen Systemen von Philon (13 v.–45 n. Chr.) und Plotin (205–270) angedeutet wurden und bereits bei Immanuel Kant (1724–1804) zu finden sind, weil er davon ausging, daß das Denken im Menschen auf Nachbilder angewiesen sei. Aber erst Karl Gustav Jung (1875–1961) hat dann diesen Begriff in die Psychologie übernommen und ihm eine größere Verbreitung verschafft. So erscheint dieser lange verfemte Begriff auch wieder in der Brockhaus-Enzyklopädie aus dem Jahre 1968, wo unter „Elementargedanken" – „Nach A. Bastian „Kulturpsychologische Urmotive auf der Grundlage seelischer Gleichheit der Menschheit, aus der sich gleiche Kulturelemente ergeben," definiert wurde.

Es ist verständlich, daß der Arzt Bastian auf seinen Weltreisen sich auch besonders mit medizinischen Phänomenen befaßt hat, insbesondere solchen, die in das Gebiet der Neurologie und Psychiatrie fielen. So hat er im 2. Band des eingangs erwähnten Werkes über den Mensch in der Geschichte, dem er den Untertitel „Zur Begründung einer psychologischen Weltanschauung" gab, Tanz, Ekstase, Besessenheitszustände, Rauschmittel, Exorzismen, psychische Infektion und Wunderheilung besprochen, und er hat bereits auf ähnliche Entwicklungen auch in der abendländischen Welt des 19. Jahrhunderts, z.B. das damals noch Hysterie genannte Krankheitsbild, aufmerksam gemacht. Schon 3 Jahre vor dem Erscheinen der berühmten Schrift des italienischen Anthropologen und Arztes Cesare Lombroso (1836–1909) „Genio e follia" 1864, hat er ein Kapitel seines 2. Bandes mit „Genialität und Wahnsinn" überschrieben. Während allerdings die Thesen von Lombroso in ihrer vereinfachenden Form heute als überholt gelten können, hat der Versuch von Bastian „den weiter und weiter auseinanderklaffenden Zwiespalt zwischen Glauben und Wissen zu vermitteln, um den Grundstein einer einheitlichen Weltanschauung zu versiegeln", in den letzten Jahren wieder erneut an Bedeutung gewonnen.

Besonders hat davon die Ethnologie – Bastian war mit Rudolf Virchow (1821–1902), dem Begründer der berühmten „Berliner anthropologischen Gesellschaft" befreundet – und die Ethnomedizin profitiert. Als dritte im Bunde darf hier die Medizingeschichte bezeichnet werden, weil, das ist jedenfalls meine Meinung, die Theorie vom Elementargedanken sich sicher auch auf eine Reihe von medizinischen Vorstellungen und Heilmethoden übertragen läßt, die offensichtlich unabhängig voneinander mit gleichen oder ähnlichen Begründungen in vielen Teilen unserer Welt entstanden sind.

Im Gegensatz zu dem seit der Romantik immer stärker im Vordergrund stehenden Entwicklungsgedanken, der dann auch nicht zuletzt durch Darwin auf die Anthropologie übertragen wurde, war Bastian der Auffassung, daß die offensichtlich gleichartige Struktur des Gehirns von unterschiedlichen Völkerschaften, die er während seiner 18jährigen Forschungsreisen ausreichend zu beobachten Gelegenheit hatte, auf einem gleichen, auf diesem Substrat beruhenden Gedankengebäude fußen müsse und daß es bei genügend gründlicher Betrachtungsweise gelingen müsse, menschliche Gemeinsamkeiten bei allen Völkerschaften herauszuarbeiten. Eine Reihe von anerkannten Medizinern hat wissentlich oder unwissentlich diese Thesen mit ihren Aussagen unterstützt, so der Pharmakologe Wolfgang Heubner (1877–1957), der 1954 betont hatte:

„Es genügt hervorzuheben, daß auch hier wieder gewisse Methoden an verschiedenen Stellen der Erde in sehr ähnlicher Weise autochton entwickelt worden sind, somit eine gemeinschaftliche Art des Denkens unter den verschiedenartigsten Bedingungen des Klimas und der Rassen offenbaren."

Und noch 1984 hat der bekannte Züricher Medizinhistoriker Erwin H. Ackerknecht (geb. 1906) in einer Arbeit über die „Säftelehre einst und jetzt" behauptet, daß „die Humoralpathologie und die Auffassung von Säften, Elementen und Qualitäten als Elementargedanke im Sinne von Bastian, die an den verschiedensten Orten immer wieder quasi organisch entstehen könnten, zitiert werden" und hat dabei auf die „Geschichte der Anthropologie" des Völkerpsychologen Wilhelm Emil Mühlmann (geb. 1904) 1948, die 1968 in zweiter Auflage erschienen ist, hingewiesen.

Aber schon früher hat sich die Medizin diese Gedanken von Bastian zu eigen gemacht. Der bekannte Sexualforscher Iwan Bloch (1872–1922), besser bekannt unter seinem Pseudonym Eugen Dühren, hatte bereits im Kaiserreich 1902 daran erinnert, daß Bastian der Ansicht gewesen war, daß sexuelle Perversionen „allgemeine menschliche ubiquitäre Erscheinungen" seien, „insofern dieselben Erscheinungen in ethnischer Hinsicht gleichartig sind und bei den verschiedenen Völkern und Rassen ohne wesentlich qualitative Differenzen wiederkehren", und 1938 hat der in New Orleans tätige amerikanische Medizinhistoriker Robert Carlisle Major in einer Besprechung der autochthonen amerikanischen Medizin auf Bastians Theorien hingewiesen:

"Which affirms the appearance of identical ethnic phenomena in different relations of space and time as due to spontancous development of certain elemental ideas common to primitive man everywhere."

Untersucht man unter diesen Aspekten die verschiedenen Auffassungen über Gesundheit und Krankheit und über die darauf fußenden prophylaktischen oder Heilmaßnahmen, so zeigt es sich, daß bei unterschiedlichsten Populationen durchaus ähnliche Vorstellungen geherrscht haben können, die etwa in bezug auf die älteste Operationsmethode, die Schädeltrepanation, von uns vor einigen Jahren in Kenia als noch existent nachgewiesen werden konnten.

Aber selbst viele Vorstellungen, die die Medizinhistoriker bisher in den vorgeschichtlichen Kulturen angesiedelt hatten, zeigen sich auch heute noch, sei es bei angeblich unterentwickelten Völkern, sei es im Sinne des gesunkenen Kulturguts auch noch in der Volksmedizin in unserer modernen Welt. Der Ruf nach Rückbesinnung auf die Erfahrungen der Ethnomedizin, der Kräuterdoktoren und autochthonen Heiler ertönt nicht von ungefähr, seitdem man erkannt hat, daß manche Vorstellungen durchaus für wert gehalten werden sollten, auch im Rahmen der modernen Medizin beachtet zu werden.

Nach einem Schema, das Diepgen sowie der Pathologe Georg B. Gruber (1884–1977) und ich im „Handbuch der allgemeinen Pathologie“ im Jahre 1969 ausführlich dargestellt hatten, wäre es nach einer ersten Phase der rein empirischen Heilkunde, wo das Auflegen von Blättern auf offene Wunden, das Öffnen von Abszessen, die Massage und andere schmerzlindernde Manipulationen, ja sicher auch das Auffinden wirkungsvoller Heilkräuter und der ersten Genußmittel im Vordergrund standen, in dem Augenblick, wo der Mensch sich selbst reflektierend gegenüberstand, durch eine erste Krankheitstheorie, die Fremdkörperätiologie, ersetzt worden. Nun tauchte nämlich die Frage auf, warum der einzelne Kranke an einer bestimmten Krankheit erkrankte und bei gleichen Erscheinungsbildern der eine starb und der andere genas. So kam es wohl zu der These, daß eine körperfremde Substanz in den Organismus eindringen würde, um dort die Krankheitssymptome auszulösen, und dieses Eindringen konnte entweder in einer Phase des Animismus durch eine beseelte Kraft oder in der Phase der Dämonologie durch spezielle Krankheitsboten erfolgen. Diese fremden, in den Körper eingebrachten Noxen führten dann zur Blutvergiftung oder zur Verseuchung des gesamten Organismus, und so sind Krankheitserreger austreibende Heilmaßnahmen bei allen Völkern bekanntgeworden. Der Aderlaß, die Schwitzprozedur, Erbrechen und Durchfall auslösende Mittel sowie das Klistier gehören tatsächlich zu den ältesten Heilmethoden, und heute noch wird im Frühjahr in der Volksmedizin die „Blutreinigungskur“ mit Birkenwässern oder anderen geeigneten Präparaten empfohlen.

In dieser Phase entwickelte sich aber auch ein eigenständiger Stand der Behandler, die offensichtlich in der Lage waren, die entsprechenden Krankheitsdämonen zu identifizieren und ihre schädlichen Einflüsse abzuwehren oder die Krankheitsmaterie aus dem Körper herauszuziehen und zu neutralisieren. Dazu dienten z.B. die Fetische, die in Form der Nagelfetische das Einbolzen der Krankheitsmaterie erlaubten, eine Methode, die übrigens auf der Schwäbischen Alb bei Zahnschmerzen heute noch gelegentlich geübt wird. In diesem Zusammenhang entwickelten sich verständlicherweise die magischen Heilmethoden, die mit Beschwörungsritualen aber auch schon mit Heilmusik und heilenden bildlichen Attributen in Zusammenhang gebracht wurden. Gerade diese Anfänge der Musik-, Logo- und Ikonotherapie sind es, die heute wieder die besondere Aufmerksamkeit moderner Forscher erregen. Seit der Erfindung der Schrift ist hierzu sicherlich auch die Bibliotherapie zu zählen. Während die Musiktherapie bisher am besten erforscht ist und auch über die Bibliotherapie bereits gewisse Erkenntnisse vorliegen, liegt die wissenschaftliche Forschung auf dem Gebiet der Ikonotherapie noch im argen, und so ist es ein besonderes Verdienst von Herrn Professor Gerhard Ott und Frau Dr. Evelyn Weiss, in dieser Ausstellung im Wissenschaftszentrum von Bad Godesberg, eine Auswahl von dafür geeigneten Bildern zeitgenössischer Künstler zusammengetragen und kommentiert zu haben, die sich nicht nur als Wandschmuck, sondern wohl auch als echte Therapeutika im Evangelischen Krankenhaus in Bonn-Bad Godesberg bewährt haben.

Ich möchte Einflüsse dieser Art durchaus den Vorstellungen über den Elementargedanken zurechnen. Aber auch als man zu erkennen begann, daß Krankheit nicht immer von außen in den Organismus eindringende, fremde Kräfte waren, sondern sich durchaus im Körper selbst entwickeln konnten, kamen ähnliche Vorstellungen zustande. Es hat immerhin nur 3 Krankheitskonzepte bisher in der Menschheitsgeschichte gegeben. Dies waren nach Diepgen die Humoralpathologie, die Solidarpathologie und die sog. dynamischen Krankheitslehren. Es ist nun interessant, daß diese 3 Vorstellungen nicht etwa nacheinander in kontinuierlicher Entwicklung sich in der Geschichte der Medizin nachweisen lassen, sondern zu unterschiedlichen Zeiten und an ganz verschiedenen Orten dieser Welt auftauchten, wieder vergingen und gelegentlich eine Renaissance erlebten.

Die Humoralpathologie hat zweifelsohne in der griechischen Antike die größte Verbreitung gefunden und wurde im Anschluß an die vorsokratischen naturphilosophischen Ideen und ausgehend von der Vier-Elementen-Lehre des Empedokles, der den gesamten Kosmos aus Erde, Wasser, Feuer und Luft bestehen ließ, vom Schwiegersohn des Hippokrates (460–377 v. Chr.), Polybos, als ein System der Medizin betrachtet und dann von Galen (129–199 n. Chr.) im zweiten nachchristlichen Jahrhundert zu einer Vier-Säfte-Lehre entwickelt, die über 1500 Jahre Bestand hatte. Die Vorstellung, daß nämlich, ähnlich wie im Makrokosmos der Welt, auch im Mikrokosmos des Menschen und der übrigen Lebewesen bestimmte Grundstoffe vorhanden seien, deren Harmonie Gesundheit, deren Disharmonie – die sog. Dyskrasie – Krankheit bewirken könne, war zwar in Griechenland zu einem geradezu raffinierten System der Krankheitslehre ausgearbeitet worden, läßt sich aber auch in ihren Grundzügen in vielen anderen von Griechenland völlig unabhängigen Kulturen nachweisen.

Auch heute noch werden im Volksmund, ohne daß diese Zusammenhänge in der Regel erkannt sind, derartige Vorstellungen in den Begriffen der 4 Temperamente, der Sanguiniker, Choleriker, Melancholiker und Phlegmatiker, verwendet. In der griechischen Antike war man nämlich davon überzeugt, daß ein gewisses Überwiegen eines dieser 4 Kardinalhumores zu einer Umstimmung im gesamten Organismus mit einer Änderung der psychischen Grundstimmung führen würde, und diese führte man eben auf die 4 Elemente Sanguis (Blut), Phlegma (Schleim), Chole (gelbe Galle), Melainachole (schwarze Galle), zurück. Die Krankheitsentstehung wurde nunmehr nicht als ein Einwirken feindlicher, fremder Kräfte angesehen, sondern als eine Entwicklung im Organismus selbst, die die Harmonie des gesunden Körpers und seiner Seele beeinträchtigte. Viele Heilmethoden sind dann tatsächlich von dem Gedanken getragen worden, die Disharmonie im menschlichen Körper wieder zur erwünschten gesundheitsfördernden Harmonie zurückzuführen, und man glaubte, daß dies am ehesten gelänge, wenn man die Selbstheilungstendenzen des Organismus entsprechend unterstützen könnte. Der Arzt war in jenen Epochen nicht etwa ein Herr über Leben und Tod, sondern ein Diener der Physis, der Naturheilkraft des Kranken, die es zu unterstützen und zu stärken galt.

Dem griechischen Menschen kam es z. B. kaum in den Sinn, eine karzinomatöse Erkrankung mit dem Messer lokal zu beseitigen, weil er der Auffassung war, daß diese sog. „Metastasis" oder „Apostasis" nichts anderes als an dieser Stelle abgelagertes entsprechend verändertes oder geronnenes Substrat eines der im Überschuß produzierten Säfte sei. Dagegen könne man nur mit einer allgemeinen, die Säfte harmonisierenden Therapie angehen.

Ganz ähnliche Gedanken von einer allgemeinen Behandlung karzinomatöser Erkrankungen werden auch heute wieder aus den verschiedensten Gründen geäußert. Auf der einen Seite stehen die Anhänger einer rigorosen karzinostatischen chemotherapeutischen Behandlung, auf der anderen Vertreter der Phytotherapie, die z. B. Misteln, die als Parasit auf anderen Pflanzen wachsende Droge, im Analogieschluß als besonders geeignet zur Krebsbekämpfung propagieren.

Aber von den Anfängen der Menschheit an ist auch die andere, die Solidarpathologie nachweisbar, die Vorstellung nämlich, daß nicht die flüssigen Substanzen, die Säfte, die entscheidenden Faktoren für Gesundheit und Krankheit wären, sondern eine Veränderung der festen Partikel des Körpers, wobei sich erst eigentlich nach Entdeckung des Mikroskops und seiner Benutzung in der Medizin deutlicher die Faser und schließlich die Zelle und ihre Bestandteile als Träger pathogener Prozesse herausstellten. Biochemische oder biophysikalische Veränderungen sind von der Zeit der Iatrochemie und Iatrophysik für derartige Krankheitsprozesse angeschuldigt worden, und diese Theorie kumulierte in der Zellularpathologie von Virchow, wie er sie in seinem klassischen Werk „Die Cellularpathologie" von 1858 in eindrucksvoller Weise erläutert hatte. Aber längst vor Virchow gab es schon Kulturen, in denen alle Erkrankungen in das „Fleisch" projiziert wurden oder gar als Ursprung schwerer konsumierender Krankheiten eine Affektion des Zwerchfells oder der Leber angenommen wurde.

Die dritte, die Lehre von den dynamischen Krankheitsursachen, kommt sicherlich dem Elementargedanken am nächsten, denn diese Vorstellung, daß das

Leben nur durch bestimmte Vitalisierungsfaktoren unterhalten werde und durch ihr Fehlen oder ihre Überfunktion Krankheiten ausgelöst werden können, durchzieht wie ein roter Faden die medizinischen Vorstellungen fast aller Natur- und Kulturvölker. Eigentlich müßte man auch die Fremdkörperätiologie bereits zu diesen dynamischen Krankheitslehren zählen, es gehören aber sicherlich alle diejenigen Vorstellungen hinzu, die das Leben an einen besonderen Vitalisierungsfaktor binden, der zwar in der Regel unsichtbar, aber dennoch nachweisbar sei und dessen Beeinflussung durch entsprechende Heilbehandlungen jederzeit manifest werden könne. Auf derartige dynamische Faktoren wurden sowohl Veränderungen im Organismus, wie etwa Lähmungen, Reizphänomene, Schmerz- aber auch profuse Blutungen oder Geisteskrankheiten zurückgeführt, und die Vorstellung von einem in den hohl gedachten Nerven pulsierenden „Succus nervorum", dem durch destillierten Alkohol übertragenen „Spiritus vitae" oder der im lebenden Organismus entstehenden sog. tierischen Elektrizität, die man mit Hilfe des mesmeristischen Magnetismus beeinflussen könne, sind nur einige Beispiele aus diesem Konzept.

Auch hier stellt sich wieder die Frage, wieso in den verschiedensten Populationen auch ohne Kenntnisse der physikalischen Wirkungen der Elektrizität oder der chemischen Wirkungen des Alkoholdestillats sowie anderer pharmakologisch oder toxikologisch wirkungsvoller Substanzen, solche ähnlichen Vorstellungen von der Reizbeeinflussung oder der für die Vitalfunktionen notwendigen Dynamik auftauchen, die freilich, soweit nach Bastian die Stufen des „Völkergedankens" erreicht sind, in ein jeweiliges individuelles Lehrgebäude einbezogen werden, wie es etwa die im 19. Jahrhundert entstehende Homöopathie war oder die anthroposophische Medizin von Rudolf Steiner (1861 – 1925).

In allen diesen Richtungen spielte nämlich der Elementargedanke, daß die Arzneimittel, ganz gleich, ob sie aus dem tierischen, mineralischen oder pflanzlichen Bereich entstammen, besondere Kräfte in den Organismus einbringen, die weit über die bisher bekannten pharmakologischen und toxischen Wirkungen hinausgehen sollen, eine beachtliche Rolle, und es ist bemerkenswert, daß gerade in unserer Zeit, in der die Heilkunde doch offensichtlich auf einer besonders hohen Stufe ihrer Entwicklung sich zu befinden scheint, diese elementaren Gedankengänge wieder mehr und mehr Anhänger finden, und zwar nicht nur bei Laien, sondern durchaus auch bei „rite" approbierten Ärzten.

Diese Ausführungen sollen schließen mit einem Satz aus dem nach wie vor unübertroffenen Werk zur Geschichte der Medizin von Diepgen, wobei zu bemerken ist, daß diese Ausführungen immerhin aus dem Jahre 1949 stammen:

„Es ist auffallend, wieviel Ähnlichkeiten und Gleichheiten dabei in den volksmedizinischen Vorstellungen und Handlungen an den verschiedensten Punkten der Welt bestehen. Sie lassen sich zum Teil aus dem 'Elementargedanken' erklären, den der deutsche Arzt und Ethnologe Adolf Bastian (1826 – 1905) prägte, d. h., aus den allen Völkern gemeinsamen, aus der gleichen Organisation der Menschen entsprechenden Ideen über Gott, Seele, Weltordnung usw."

Literatur

Achelis T (1891) Adolf Bastian, Verlagsanstalt u. Druckerei, Hamburg 1891

Ackerknecht EH (1957) Rudolf Virchow. Arzt, Politiker, Anthropologe. Enke, Stuttgart p 162 ff

Ackerknecht EH (1971) Medicine and Ethnology. Selected Essays. Huber, Bern Stuttgart Wien

Ackerknecht EH (1984) Säftelehre, einst und jetzt. Curare *7*, 111 – 116

Bastian A (1860) Der Mensch in der Geschichte, 3 Bd. Wiegand, Leipzig 1860. Für die Entwicklung der Idee der Elementargedanken s. vor allem Band 1, p 219 ff „Der Gedanke in der Gesellschaft“ und Band 2, S 529 ff (Genialität und Wahnsinn)

Bastian A (1868) Das Beständige in den Menschenrassen und die Spielweite ihrer Veränderlichkeit. Reimer, Berlin

Bastian A (1869) Alexander von Humboldt (Festrede). Reimer, Berlin, p 25

Bastian A (1884) Allgemeine Grundzüge der Ethnologie. Reimer, Berlin, p 92 ff

Becker H, Schmoll H (1986) Mistel, Arzneipflanze, Brauchtum, Kunstmotiv im Jugendstil. Wiss. Verlagsgesellschaft, Stuttgart

Bloch I (1902/1903) Beiträge zur Ätiologie der Psychopathia sexualis. Dohrn, Dresden, p 362

Bollnow OF (1955) Dilthey, W. Eine Einführung in seine Philosophie, 2. Aufl. Kohlhammer, Stuttgart, p 196

Darwin C (1964) On the origin of species, Faksimiledruck der ersten Auflage. London 1859. Harvard Univ Press, Cambridge, USA

Diemer A (1959) Einführung in die Ontologie. Hain, Meisenheim, p 167

Fiedermutz-Laun A (1970) Der kulturhistorische Gedanke bei Adolf Bastian. Systematisierung und Darstellung der Theorie und Methode. . ., Steiner, Wiesbaden

Fiedermutz-Laun A (1986) Adolf Bastian und die Begründung der deutschen Ethnologie im 19. Jahrhundert. Ber Wiss Ges *9*, 167 – 181 (hier wichtige weiterführende Literatur)

Diepgen P (1949) Geschichte der Medizin, Bd 1. Gruyter, Berlin, p 22

Diepgen P, Gruber GB, Schadewaldt H (1969) Der Krankheitsbegriff, seine Geschichte und Problematik. In: Handbuch der allgemeinen Pathologie, Bd 1. Springer, Berlin Heidelberg New York, p 4

Drobec E (1955) Zur Geschichte der Ethnomedizin. Anthropos *50*, 950 – 957

Grabner E (1967) Die Transplantatio morborum als Heilmethode der Volksmedizin. Österr. Ztschr. Volkskunde *21*, 178 – 195

Henrichs N (1968) Existenziale Hermeneutik. Phil Diss, Düsseldorf, p 54 f u. p 70

Heubner W (1954) Zauber der Arznei, Hippokrates *25*, 498 – 502

Ionesco E (1964/65) Ionesco und die Kritiker. Begleitzettel der Kammerspiele in Düsseldorf *4*

Jung CG (1952) Psychologie und Alchemie, 2. Aufl. Rascher, Zürich, p 27 ff

Kaech R (1950) Die Hysterie. Ciba Ztschr (Wehr) *4*, 1558 – 1574

Kubik S (1965) Das menschliche Gesicht, seine Anatomie, physiognomische Deutung und moderne Darstellungsweise. Med. Welt Nr. 1, 71 – 78; Nr. 3, 126 – 135

Lind U (1978) Medizin bei Naturvölkern in Krankheit, Heilkunst, Heilung, hrsg. von Schipperges H, Seidler E, Unschuld PU. Alber, Freiburg München, p 35 ff

Lombroso C (1887) Genie und Irrsinn in ihren Beziehungen zum Gesetz, zu Kritik und zu Geschichte, deutsche Übers. nach der 4. ital. Aufl. v. Courth A. Reclam, Leipzig

Major RC (1938) Aboriginal American Medicine North of Mexiko. Ann Med Hist NS *10*, 534 – 549

Mann G (1982) Dilettant und Wissenschaft, in: Biologie für den Menschen, hrsg v. Ziegler, W. Aufsätze und Reden der Senckenbergschen Naturforschenden Gesellschaft. *31*, 49 – 72

Moebius P (1932) Biologische Rhythmen im Blickwinkel des Bastianischen Völkergedankens. Med Welt *6*, 70–72

Mühlmann WE (1968) Geschichte der Anthropologie, Univ. Verlag, Bonn 1948, p 99, 2. Aufl. Athenäum, Frankfurt/M.

Podach EF (1966) Adolf Bastian: Retter völkerkundlicher Schätze, Dtsch Ärztebl *63*, 129–131

Rothschuh KE (1961) Ansteckende Ideen in der Wissenschaftsgeschichte, gezeigt an der Entstehung und Ausbreitung der romantischen Physiologie. Dtsch Med Wschr *86*, 396–402

Saccasyn Della Santa E (1947) Les figures humaines du paléolithique supérieur eurosiatique. De Sikkel, Antwerpen, Bd 3, p 53 ff

Schadewaldt H (1963) Initiationsriten bei Naturvölkern, 5. Psychiatertagung Landschaftsverband Rheinland, p 129

Schadewaldt H (1968) Der Medizinmann bei den Naturvölkern. Fink, Stuttgart, p 13 f

Schadewaldt H (1987) Elementargedanken in der Entwicklung der Heilkunde. Med Welt *38*, 5–8

Schöner E (1964) Das Viererschema in der antiken Humoralpathologie. Sudhoffs Arch Gesch Med Naturwiss Beiheft 4. Steiner, Wiesbaden

Schumacher J (1963) Antike Medizin, 2. Aufl. Gruyter, Berlin, p 105 ff

Schwarz R (1909) Adolf Bastians Lehre vom Elementar- und Völkergedanken. Phil Diss, Leipzig

Siebenthal v W (1950) Krankheit als Folge der Sünde. Schmorl & von Seefeld, Hannover

Smerling W, Weiss E (Hrsg) (1986) Der andere Blick. Heilungswirkung der Kunst heute. DuMont, Köln

Steinen von den K (1905) Gedächtnisrede auf Adolf Bastian. Ztschr Ethnol *36*, 236–249

Steiner R (1925) Grundlegendes für eine Erweiterung der Heilkunst nach geisteswissenschaftlichen Erkenntnissen. Philosophisch-anthroposophischer Verlag, Dornach

Sterly J (1973) Völkerkunde als Geschichtswissenschaft, in: Festschrift zum 65. Geburtstag von Helmut Petry, hrsg v K Tauchmann. Böhlau, Köln Wien, p 492–509

Virchow R (1966) Die Cellularpathologie in ihrer Begründung auf physiologische und pathologische Gewebelehre, Faksimile mit einem Vorwort von Goerke, H nach der Originalausgabe Berlin 1858. Olms, Hildesheim

Wettley A (1959) Zur Problemgeschichte der 'Dégénérescence'. Sudhoffs Arch Gesch Med Naturw *43*, 193–202

Wettley A (1866) Adolf Bastian, in: Leipziger Illustrirte Zeitung Nr 2244, 3. 7., p 17–18

Wettley A (1909) Adolf Bastian, in: Meyers Grosses Konversations-Lexikon, 6. Aufl, Bd 2. Bibliographisches Institut, Leipzig und Wien, p 436 f

Wettley A (1967) Adolf Bastian, in: Brockhaus Enzyklopädie, 17. Aufl, Bd 2. Brockhaus, Wiesbaden, p 355

Wettley A (1968) Elementargedanken, in: Brockhaus Enzyklopädie, Bd 5. Brockhaus, Wiesbaden, p 445

Wettley A (1965) Du hast im Walde mit Wölfen geschwelgt ... Wehrwölfe und Vampire im Glauben der Völker. Die Pille (Nordmark), VII

Heilungswirkung der Kunst – Zwischen Tradition und Fortschritt

E. Weiss

Das Bild des Menschen und seine Sicht der Welt haben sich in den letzten beiden Jahrzehnten stark gewandelt.

Seit Anfang der 70er Jahre machte sich ein deutliches Umschwenken in der Rezeption der Gegenwart bemerkbar, das folgerichtig eine neue Sicht der Vergangenheit und der Geschichte bedingte. Zum erstenmal waren den Menschen die Grenzen der eigenen Entwicklung, des Energiepotentials und somit die Problematik des „Raumschiffes Erde“ in brutaler Weise bewußt geworden. Auch in der Kunst schien sich die Vorstellung immer stärker zu entwickeln, daß der Vorrat an neuen Formen an Entdeckungen, an Innovationen an eine Grenze gestoßen war. Die Zukunft erschien wie eine große, doch klar begrenzte Landkarte, die vorgegeben war; zu entdecken waren allerdings auf dieser Landkarte noch einige Regionen und Landstriche; d. h. Forschungsreisen in die Vergangenheit, in die Archäologie der Kultur, der Kunst, der Philosophie, ja auch der Wissenschaft. Die Künstler suchten die eigene Identität, indem sie Vergangenes nachforschten und rekonstruierten; Spurensicherung hat man in Deutschland diese Kunstrichtung genannt, die aber international und gleichzeitig entsteht; in USA z. B. galt es, die Kunst der Indianer und der Urvölker zu entdecken; die Künstler wollten wissen, was vor der Eroberung des Landes geschehen war, sie wollten an eine Kette wieder anknüpfen, die durch den Einbruch der europäischen Kolonisierung unterbrochen wurde. Die scheinbar primitive Zeichensprache von Urkulturen bekam eine neue Aktualität und galt als Kommunikationszeichen, als Kode, das für uns heute noch gültig ist. Dringlich wurde auch der Wunsch, die Einheit des in Spezialisierungen aufgesplitterten Menschen wieder zu finden, um schließlich Mensch und Natur zu einem Gleichklang, zu einem Gleichgewicht zurückzuführen, das nicht nur als wichtig, sondern als essentiell für das zukünftige Leben empfunden wurde. In diesem Zusammenhang wurden auch Kunst und Heilkunst neu betrachtet, man spürte Verbindungen und Gemeinsamkeiten wieder auf, die durch die Jahrhunderte verschüttet gewesen waren.

Die neuesten Studien der Ethnomedizin bringen dem heutigen Menschen immer stärker ins Bewußtsein, daß Kunst, Tanz, Farbe, Laut, Gestik und Form jahrtausendelang in allen Kulturen (und in einigen Regionen bis heute) als Medikament effektiv eingesetzt worden sind. Natürlich hat sich der Mensch in der heute hochtechnisierten Zivilisation in seinen Wahrnehmungsmöglichkeiten gewandelt. Er ist eingebettet in ein System von Bezügen, die für ihn im Krankheitsfall einen „Medizinmann" untauglich machen. Doch wird der Argwohn immer stärker, daß verschüttete seelische Kräfte, verlorene Sensibilisierungen und Sensibilitäten, abgestumpfte „Antennen", den Menschen in seiner seelischen Entwicklung eigentlich zurückgeworfen haben.

Daher rührt auch der ständige Kampf der Künstler um eine Rückgewinnung der Sensibilität, der inneren Kräfte und der Fähigkeit, den Blick nach innen zu richten. Befindet sich nicht gerade der kranke Mensch in einer besonderen Phase der gesteigerten Sensibilität, und besitzt er dadurch nicht auch eine stärkere Empfänglichkeit?

Eine veränderte Sicht von Kranksein, Krankheit und Heilung signalisiert bei Medizinern, Künstlern und Psychologen allenthalben eine neue Einstellung. „Es ist für die Medizin ein ungewöhnlicher Gedanke, Krankheiten als kreative Leistungen wie Kunstwerke anzusehen oder gar zu würdigen", schreibt z.B. Dieter Beck 1981. Die Krankheit wird als eine Chance verstanden, neue Erfahrungen zu sammeln und in die bisherige Lebenserfahrung zu integrieren. Sie wird nicht nur als Hemmnis aufgefaßt, sondern auch als Baustein für eine kontinuierliche Entwicklung der eigenen Identität.

Es ist in diesem Zusammenhang bezeichnend, daß gerade die alttestamentarische Gestalt von Hiob in der christlichen Ikonographie des Mittelalters und in den folgenden Jahrhunderten eine so bestimmte Rolle spielte: er galt als Sinnbild des leidenden Menschen und als Exempel für Schmerzerduldung, als „Patient" (Der Erduldende); die menschliche Gestalt Hiobs und in ihm der Kranke, von Schmerzen geplagte Mensch wurde als Präfiguration Christi gedeutet. Im späteren Mittelalter entwickelte sich daraus ein bestimmter Typus von Christusandachtsbildern, wie er z.B. von Dürer in der kleinen Passion von 1511 (Christus im Elend) dargestellt wurde. Hier steht zweifellos der Gedanke im Vordergrund, daß der Mensch, gerade in der Phase der Krankheit, der Schmerzen und des Leidens Gott am nächsten ist. Interessanterweise wurde dem leidenden Hiob der Trost in der Gestalt von Musikanten beigegeben. Die Kunst, hier in Form der Musik, ist in einer langen überlieferten Tradition als Trostspenderin und Verbündete des Leidenden dargestellt.[1]

Die heute wieder so betonte psychosomatische Abhängigkeit bei Krankheiten, d.h. die enge Beziehung zwischen Psyche und Soma, zwischen Körper und Geist-Seele ist allerdings keine Neuentdeckung unserer Tage, sondern eine Wiederentdeckung. Bis in die griechische Antike ist die These z.B. der vier Säfte zu verfolgen, die sich in unserem Körper befinden und die nur in Harmonie untereinander Gesundheit entstehen lassen. Ebenfalls in der griechischen Medizin finden wir folgerichtig die Vorstellung, daß „alles, was zur Harmonisierung des körperlich-geistigen Lebens" nützlich wäre, in den Therapieplan einbezogen werden müsse. So ist es nicht überraschend, daß in die Therapieanweisun-

[1] Über diese Zusammenhänge siehe: Günther Bandmann, Melancholie und Musik, Köln/Opladen 1956.

gen der griechischen Ärzte auch Empfehlungen für die geistige Vorbereitung, die dann zu einer „Katharsis" des Patienten führen würde, erwähnt werden. Zu diesen Reinigungsprozeduren gehörten auch Beeinflussungen durch die Musik, durch das Wort (wie dies in den Theatern der Asklepieien geschah), aber auch die Betrachtung von Kunstwerken. Wie Schadewald ausführt, dienten die Wiedergaben von Heilgottheiten (Asklepios oder Imhotep in der ägyptischen Welt) nicht in erster Linie dem künstlerischen Werk, sondern waren Ausdruck einer besonderen kulturellen Verbundenheit und dürften nicht zuletzt für Patienten gedacht gewesen sein, die in der Kontemplation dieser Bildnisse in der Tat die Kraft zu neuer Hoffnung schöpften. Diese Tradition hat sich im Christentum zweifelsohne in der Ikonographie der zahlreichen Heiligen in der Medizin gehalten.[2] Sie waren bestimmten Krankheiten zugeordnet und ihre Darstellung sollte die Gläubigen daran erinnern, daß sie im Falle des Versagens der irdischen Medizin noch auf eine höhere Hilfe hoffen dürften. So ist es verständlich, daß zahlreiche Kirchen und Kapellen diesen besonderen Krankheitsheiligen geweiht waren und die Bevölkerung erwartete dort entsprechende Hilfe. Ein Beispiel dafür ist der berühmte Isenheimer Altar von Matthias Grünewald. „Er ist seinerzeit für den Antoniter Orden in Isenheim im Elsaß geschaffen worden, der sich der Versorgung der Ergotismusopfer gewidmet hatte. Es besteht deshalb heute kein Zweifel, daß die Ordensoberen den Künstler dazu animiert hatten, für die Hospitalkapelle eine große, auf diese Krankheit hinweisende Darstellung zu schaffen. Diese sollte sicherlich nicht nur zur Erbauung der Patres und Fratres dienen, sondern wohl auch die von der Mutterkornseuche Befallenen trösten und ihnen ihr eigenes Krankheitsbild und die Möglichkeiten der göttlichen Heilung näherbringen.[3] Es ist festzuhalten, daß es sich hier rundweg nicht um versöhnliche, angenehme, anmutige schöne Kunst gehandelt hat. Es handelt sich zwar des öfteren um Werke großer Künstler der Zeit, doch die Darstellungsinhalte sind für uns heute zum Teil von unvorstellbarer Grausamkeit; Kreuzigung, Leiden, Folterungen aller Art bei den Heiligen wurden dem Kranken zugemutet in der offensichtlichen Vorstellung, daß nur so eine kathartische Wirkung errungen werden konnte (Abb. 1). Es ist ein absolutes Mißverständnis, die therapeutische und tröstende Wirkung von Kunst lediglich in „schönen, sanften Darstellungsweisen" und in beruhigenden Darstellungsinhalten zu sehen, wie es heute so oft gefordert wird.

Seit dem Mittelalter haben Siechen- und Krankenhäuser die wichtigsten Künstler ihrer Zeit mit Bildaufträgen verpflichtet; man denke nur an den berühmten Altar im Hospital von Beaune oder an das große Fresko in Ospedale Maggiore in Siena. Wenn man das Hospital in Pistoia (Ospedale del Ceppo) mit den 7 Werken der Barmherzigkeit über dem Hauptportal ansieht, dann ahnt man, wie wichtig damals das Kunsterlebnis in der Krankheitsbewältigung angesehen

[2] Hans Schadewald, Heilungswirkung der Kunst, in: Ausstellungskatalog „Der andere Blick – Heilungswirkung der Kunst heute", DuMont, Köln 1986, S. 111 ff.
[3] Schadewald, S. 111 ff.

Abb. 1. Roger Van der Weydn „Jüngstes Gericht" (1443), Detail, (Hospital von Beaune)

wurde, wenn gerade die berühmten Brüder Della Robbia von der Stadtverwaltung auserwählt wurden, um die großartigen und sehr teuren Keramiken zu erstellen.

Heute ist das Krankenhaus zu einem wichtigen Ort in unserer Gesellschaft geworden, eine Art Kristallisationspunkt für konfliktbeladene Situationen, für Wahrheit und Lüge, für Angst und Heldentum, Leid und Hoffnung. Krankenhäuser sind aber auch öffentliche Orte, die in letzter Zeit eine Herausforderung für Mitmenschlichkeit, für Kommunikation, ja für Rebellion gegen das Diktat der Maschine, geworden sind, gegen die Regel, Gesetze, die als Folge der Kosten-Nutzen-Diktatur eines betriebswirtschaftlich ausgerichteten Krankenhauses im Namen der Wissenschaft den Menschen oft zu einer Nummer degradiert haben. Gerade in diesen Gesundheitswerkstätten mit ihren kahlen Betonwänden, die gelegentlich mit billigen Drucken ihr Versagen zu überspielen versuchen, erprobte man den Ausnahmezustand; der Zusammenprall von Gesundheitsmaschinerie und künstlerische Tätigkeit setzte einen Prozeß in Gang, dessen erstes Resultat eine Ausstellung war: „Der andere Blick – Heilungswirkung der Kunst heute". Motor dieser Ausstellung waren die Gedanken und Erfahrungen von Gerhard Ott im Wald-Krankenhaus Bonn-Bad Godesberg. Mit dieser Ausstellung werfen wir eher Probleme und Fragen auf, als wir Antwort geben. Wir stellen Möglichkeiten vor; „Der andere Blick" ist aber auch verlangt, um eben die emotive Ausstrahlung dieser Arbeiten zu erfassen, zu erfahren. Denn eines soll klar sein, hier ist nicht gemeint, daß Bilder Ersatz für Medizin oder für naturwissenschaftliche Methoden sein sollten. Die Zwiesprache, die sich zwischen Werk und Betrachter ergibt, kann je nach Bildung, innerer Bereitschaft und Interesse ganz verschiedene Auswirkungen haben. Sie ist aber in dieser Phase von Krankheit, von höchster Sensibilisierung besonders intensiv.

Die Kunst heute ist immer, wie die Medizin, ein Teil unserer Gesellschaft, damit spiegelt sie auch ihre innere und äußere Zerissenheit wieder. Kunst ist immer Reaktion auf die Welt mit ihren vielfältigen Strukturen und Problemen (Abb. 2) und soweit nicht immer leicht verständlich; denn, was ist heute komplizierter als die Beziehung der Menschen zu einer Welt, die er oft nicht mehr versteht, in der er oft überfordert ist, weil sie ihm mehr und mehr fremd geworden ist. Und fremd fühlt er sich sehr häufig auch im Krankenhaus, wo es vorkommen kann, daß dem Kranken weder seine Krankheit vertraut noch deren Heilung verständlich ist. Künstler sein bedeutet heute, Fragen aufzuwerfen, aber auch diese Fremdheit zu artikulieren. Gerade im Krankenhaus befindet

Abb. 2. Flurbereich: Fotofolgen von Mally (links) sowie Hilla und Bernd Becher; Christo: Verpackungen – Kunsteingriffe in Landschaft und Stadtbild, hier sichtbar: „Running Fence" (Evang. Waldkrankenhaus Bonn-Bad Godesberg)

Abb. 3. Im stationären Aufenthaltsraum: Begegnung mit Gerd Baukhage (Evang. Waldkrankenhaus Bonn-Bad Godesberg)

sich der Mensch als Patient oder nur als Besucher in wechselnden emotionalen Stimmungen (Abb. 3). Er durchlebt in besonderem Maße extreme Gefühlsbereiche. Seine Begegnung mit Kunst kann von der Ablenkung und Entspannung bis hin zur Mobilisierung seiner eigenen Kräfte zur Genesung beitragen.

Die Ausstellung versuchte diese breite Gefühlsskala, die der Mensch hier besonders erlebt, durch bestimmte Gruppierungen von Kunstwerken verständlich zu machen. Es ist keinesfalls so, daß hier ein Krankenhaus rekonstruiert werden sollte. Es wurde keiner realen Krankenhaussituation entsprochen, es wurden hier aber deren Bereiche als Einteilung aufgenommen und bestimmte Kunstwerke diesen Bereichen zugeordnet. Ein Bereich ist der Darstellung von „Menschenbildern" gewidmet. Es ist an eine Art kleine thematische Ausstellung gedacht worden für den Kommunikationsbereich (*Flurbereich, Erholung, Provokation*): gerade anhand von Menschenbildern kann man die breite Skala der verschiedenen Kunstrichtungen heute gut klarmachen, es ist ein Kristallisationspunkt, in dem auch der ungeübte Besucher oder Betrachter die verschiedenen Beweggründe und Motivationen der Künstler heute erkennen kann. Es sind keine Bilder vom heilen Menschen, es sind zum Teil auch Bilder, die eine

Abb. 4. Im Aufenthaltsraum: „Können wir bald über den Zaun?" (Evang. Waldkrankenhaus Bonn-Bad Godesberg)

Schreckenserfahrung vermitteln, die an dieser Stelle wichtig ist; gerade die eigene so häufig von Patienten empfundene Unzulänglichkeit wird dadurch in eine andere Sphäre transponiert und zumindest in einen größeren und allgemeineren Zusammenhang gebracht. Die eigene Versehrtheit wird konfrontiert mit einer allgemeinen Versehrtheit des menschlichen Körpers. In dieser Zone finden Sie auch den Bereich, den wir „Dialog" genannt haben; dort sind Kunstwerke zusammengestellt, die einer eingehenden Betrachtung bedürfen, sie sind kleinteiliger, sie müssen länger angeschaut werden; die Künstler arbeiten hier auch mit Schrift, mit Aussagen oder einer bestimmten Thematik, die sich seriell entwickelt; hier muß man länger verweilen und man kann mit den Werken in einen Dialog treten; hier kann man Zustände der Ungeduld, des Wartens, der Unsicherheit nicht nur überbrücken, sondern in eine fruchtbare Auseinandersetzung mit den Arbeiten verwandeln (Abb. 4).

Ein anderer Bereich wurde *Meditation, Beruhigung, Trostbedürfnis*" (Krankenzimmer) genannt, (die Idee „Krankenhaus" schimmert durch, aber sie ist nie oberstes Gesetz; leitende Idee ist eher der psychische Bereich, in dem der Patient oder der Betrachter sich jeweils befindet) (Abb. 5). Hier sind Werke

Abb. 5. Im Krankenzimmer: Harmonisch fügen sich die Arbeiten von Alan Sonfist und Claudio Costa ein, die Themen von Mensch und Umwelt sowie Mensch und seine Herkunft behandeln

von höchster Sensibilität verlangt, die eine bestimmte Wirkung haben, die die höchste Empfindlichkeit des Menschen nicht verletzen, die ihn in eine Meditationssituation bringen können, es sind Kunstwerke, die manchmal dem ungeübten Betrachter schwer verständlich sind, aber gerade durch das längere Hinsehen immer wieder zu überraschenden Erkenntnissen führen (Abb. 6).

Im Mittelpunkt dieser Räume steht der Leitsatz „*Leidenswege, Schmerz, Tod*"; sie steht in unmittelbarem Zusammenhang mit den Meditationsräumen; viele Künstler haben sich überraschenderweise gerade für diese Problematik interessiert; andererseits ist dies verständlich, denn die existenziellen Fragen der Angst, der Trostlosigkeit, der Verzweiflung, der Hoffnung, sind immer wieder ureigene Probleme und Themata der Künstler selber gewesen.[4] Im Mittelpunkt dieser Räume stehen 2 Arbeiten mit dem Titel „Barmherzigkeit" und „Hoffnung" jeweils von G. Uecker und M. Buthe (Abb. 7, 8). Sie sollen signalhaft für diesen Bereich stehen.

---

[4] Der Künstler Alfonso Hüppi hat in diesem Zusammenhang über „die Angst des Künstlers vor der Angst des Patienten gesprochen", die es gilt zu überwinden, wenn man für das Krankenhaus arbeitet. Siehe: Kunst im Krankenhaus, Symposium im Bundeswehrkrankenhaus Ulm am 27. und 28. Oktober 1983, Hrsg. Heinle, Wirscher und Partner, Freie Architektur, Stuttgart 1984, S. 79 ff.

Abb. 6. Gerhard Merz „Dove Sta Memoria" (Wo die Erinnerung herkommt, 1985), Tryptichon, Siebdruck auf bemalter Leinwand, Mittelteil 260 × 80 cm, Seitenteile 220 × 80 cm

Abb. 7. Günther Uecker „Die Barmherzigkeit" (1985), Baumstamm, Nagelobjekt, ∅ 60 cm

An dieser Stelle möchte ich an den Künstler erinnern, der die hier angeschnittenen Probleme in ihrer ganzen Fragwürdigkeit, in ihren tieferen Schichten durchdacht, durchlitten und immer wieder in Aktionen und Objekte mit einer faszinierenden Überzeugungskraft vorgeführt hat: Joseph Beuys. Er konnte nicht mehr zu dieser Ausstellung beitragen, er, der gesagt hat von sich, von sei-

Abb. 8. Michael Buthe „Die Hoffnung" (1982), Weinfaßboden, Blattgold, 1000 Straußenfedern, ∅ 185 cm

nem Tun: „Ich würde sagen, was ich praktiziere ist ohne weiteres auf die Medizin zu übertragen" (Zitat Joseph Beuys)[5]. Immer wieder stellte er der perfekten, glitzernden technischen Welt, der naturwissenschaftlichen Medizin die magisch primitiven Objekte in fast chaotischer Anordnung gegenüber, um den Kontrast zu markieren, aber auch eine verlorengegangene Einheit zwischen prähistorischer Heilkunde und moderner Apparatemedizin herzustellen.

Die Konfrontation mit Kunst kann in einem Prozeß der Selbstfindung die eigene Identität und damit die eigenen Kräfte stärken und mobilisieren. Kunstwerke können Vehikel sein, um eine heilsame Auseinandersetzung auszulösen. Kunstwerke sind keine bunten Pillen der Ästhetik, sie sind manchmal auch eine bittere Medizin. Heilung durch Kunst fordert daher auch immer eine bewußte Entscheidung, sie ist ein aktiver Vorgang, der von uns ausgehen muß, es ist also eine ständige Herausforderung an den Einzelnen.[6]

---

[5] Zeige Deine Wunden, Ausstellungskatalog München 1976, s. auch A. H. Murken, Beuys und die Medizin, Münster 1979. Als Beitrag zur Ausstellung wollte er ein Werk gestalten zum Thema „Ehrfurcht vor dem Leben". J. Beuys ist im Januar 1986 nach längerer Krankheit gestorben.

[6] Die Ausstellung „Der andere Blick – Heilungswirkung der Kunst heute" (Katalog DuMont Köln 1986) ist bis heute u. a. in Bonn, München, Koblenz und Düsseldorf gezeigt worden.